住房城乡建设部土建类学科专业"十三五"规划教材

高等学校风景园林（景观学）专业推荐教材

风景园林生态实验

Ecological Experiments of Landscape Architecture

余洋　吴冰　张露思　编著

中国建筑工业出版社

图书在版编目（CIP）数据

风景园林生态实验 = Ecological Experiments of
Landscape Architecture / 余洋，吴冰，张露思编著
. —北京：中国建筑工业出版社，2020.12
住房城乡建设部土建类学科专业"十三五"规划教材
高等学校风景园林（景观学）专业推荐教材
ISBN 978-7-112-25304-3

Ⅰ.①风… Ⅱ.①余… ②吴… ③张… Ⅲ.①自然景
观－园林设计－实验－高等学校－教材 Ⅳ.
①TU986.2-33

中国版本图书馆CIP数据核字（2020）第122250号

责任编辑：杨　虹
文字编辑：柏铭泽
版式设计：锋尚设计
责任校对：芦欣甜

住房城乡建设部土建类学科专业"十三五"规划教材
高等学校风景园林（景观学）专业推荐教材

风景园林生态实验
Ecological Experiments of Landscape Architecture
余洋　吴冰　张露思　编著
*
中国建筑工业出版社出版、发行（北京海淀三里河路9号）
各地新华书店、建筑书店经销
北京锋尚制版有限公司制版
北京京华铭诚工贸有限公司印刷
*
开本：787毫米×1092毫米　1/16　印张：9　字数：180千字
2020年12月第一版　2020年12月第一次印刷
定价：39.00元（配数字资源）
ISBN 978 - 7 - 112 - 25304 - 3
（36083）

前　言

　　风景园林规划和设计的核心问题之一是生态修复和保护。科学的规划和设计方法需要有力的生态数据作为支持实证，应该避免主观的、经验化的设计方法和策略。如何获取环境生态数据？如何把数据转译为设计决策的支点？这往往成为生态规划和设计教学的难题。本书试图在设计规律和实验操作中架构一个路径，使规划设计决策获得客观的生态实验数据支撑。

　　风景园林的生态实验与园林生态实验既有实验内容的相似性，也有应用层面的本质区别。二者的共同之处是基于土壤、植物、水文和空气的理化分析对环境进行判断；二者的差别是实验关注点的不同，园林生态实验注重实验结果和对环境的评估与决策，风景园林生态实验是基于实验结果对规划和设计决策的支撑和判断。作为以生态修复为重要任务之一的风景园林学，不仅需要大尺度的生态格局分析，也需要微观尺度的实验数据分析。二者的相辅相成才能在全尺度上进行科学合理的风景园林的规划与设计。

　　生态实验的目的是为了获取场地生态数据，通过对生态数据的解读和分析，发现场地内的典型生态问题及特征。在了解多学科合作的系统性设计模式的基础上，理解土壤、水体、植被、生物、能源等生态技术选择和应用的标准和条件，掌握场地尺度下的生态景观构建方法与技术，提出生态修复或建构的设计策略。

　　生态实验的价值不是实验本身，而是在设计创意和科学测量之间寻找一种新的规划方向，它是科学理性和人文理性的结合，是包容数据和灵感的综合思考。因此，不以规划设计为导向的实验，可能止步于数据的呈现和分析；不以数据为佐证的创意，可能局限于主观的思辨和想象。

　　哈尔滨工业大学的风景园林专业教育一直以培养学生的生态规划和设计能力为目标，建设了具有鲜明学科交叉性的生态实验室，开展了一系列的探索和尝试。负责和主持实验室工作的张露思老师来自市政环境工程学院，在环境工程领域有非常专业的视角和能力。我作为一名专业设计课程的老师，既欢喜于科学性的操作过程，又欣喜于设计逻辑与科学数据的结合。在我和露思老师的共同努力下，开设了一门创新实验课——"雨水花园生态实验"，经过五年的积累，全部沉淀成为本书的主要内容。掌握3S这种重要的分析工具，是解决复杂生态系统问题的技术能力基础。吴冰老师具有建筑学和计算机的双专业背景，在3S技术上的深刻理解和熟练操作为设计课程提供了不同的思考视角和能力。

最后，希望本书所提供的一系列实验，能够为具有相同目标和兴趣的学科和老师们提供有力的支持，能够让生态实验成为风景园林学科建设和发展的重要基础。

本书的编写得到了"十三五"国家重点研发计划"绿色建筑及建筑工业化"专项2017YFC0702405的支持。

余　洋

2020年9月15日

目 录

下篇　设计课程应用

上篇 生态实验基础

第1章 风景园林生态实验概述

生态实验教学的背景阐述

教学目标和实验类型

实验内容

章节导读

风景园林生态实验的目标是为规划和设计作支撑，它与园林生态实验既有实验内容的相似性，也有应用层面的本质区别。二者的共同之处是基于土壤、植物、水文和空气的理化分析对环境进行判断；二者的差别是实验关注点的不同，园林生态实验注重实验结果和对环境的评估与决策，风景园林生态实验是基于实验结果对规划和设计决策的支撑和判断。作为以生态修复为重要任务之一的风景园林学，不仅需要大尺度的生态格局分析，也需要微观尺度的实验数据分析，二者的相辅相成才能在全尺度上进行科学合理的风景园林的规划与设计。

1.1 生态实验教学的背景阐述

生态修复是风景园林学研究的主要内容之一，在知识结构中需要具备较好的生态学基础知识[1]。在以设计课程为核心的我国风景园林本科教学体系中，生态教学模式涵盖了"理论+案例+概念设计"的内容[2]。同济大学的生态课群三大板块由生态设计基础、设计理论和设计实践构成[3]。北京林业大学在2007版教学计划的培养目标中明确提及学生应掌握各类生态规划的能力，专业核心课包含生态理论与应用，风景园林综合Studio课程是整合景观与生态知识学习的主要方式[4]。

在国外的高校中，哈佛大学景观规划设计专业的自然系统课程中有"景观生态""景观生态专题""河流、湖泊和湿地的生态与恢复"等课程，开设大量的实践作业和练习[5]。宾夕法尼亚大学景观课程体系中的"工程课"涉及场地工程和生态技术，课程内容包括生态与材料、场地工程和雨水管理，让学生掌握景观材料特性及其物质形态转换过程[6]。谢菲尔德大学景观系在本科阶段开设了景观与生态学专业，该方向由景观系与生态学系（动植物系）共同培养，课程内容包括："植物种群与群落生态系统""场地植物生态学应用""土壤植物学"等。在第三年增加了"生态设计项目""土地污染""恢复与再利用"等生态学课程[7]。学生通过野外实践等途径学习生态过程、发展机制和相关知识。

在国内外风景园林专业的生态教学比较中，可以发现二者都关注可持续设计方法在受破坏的人工或自然环境恢复中的应用，国内教学偏重生态理论在设计中的应用，主要通过设计课程进行学习；国外教学在实践中掌握生态知识，通过野外实习和科学认知进行学习。

在其他专业的景观生态教学中，德国基尔大学地理专业开设的景观生态课程有"生态数据分析与评估""生态建模""土壤专题""生态分析"等，其中"生态分析"课程采用实验的方式进行授课，培养学生独立动手的科研能力[8]。华南农业大学生态学专业开设有综合实验课程"生态学实验研究方法与技术"，综合实习课程"生态学野外综合实习"等，并在生态学农场中进行"种田计划"，要求学生进行生态实践[9]。由此可见，实验是生态学教育的基本途径之一[10]。

在风景园林教育专业实践体系中的实验单元涉及材料与构造、模型、土壤和气象四个部分，其中土壤和气象部分属于生态实验范畴，教学要求以熟悉和了解为主[1]。但是在国内高校的实验教学中，对生态实验的教学内容说明较少。南京林业大学本科风景园林教学特色包含实验教学，内容涉及感性体验、直观认知、素材综合、三维模拟、空间仿真五部分内容[11]。北京林业大学2012年获批国家级园林实验教学示范中心，实验体系主要包括园林植物、园林工程、园林建筑、园林设计、园林艺术、园林综合六个实验模块[12]。其他风景园林高校在人才培养和教育思想中也较少提及关于生态实验的教学内容，以及生态实验与设计课程的关联[13~15]。

1.2　教学目标和实验类型

风景园林在生态方向上的专业教育需要以培养学生的生态规划和设计能力为目标，依托设计课程的生态教学在理论授课、设计指导和生态实验三个层面展开。生态实验课程的教学目标是让学生通过实验的途径，在生态学理论认知的基础上，科学分析设计场地的生态环境，正确判断设计场地的生态条件，准确发现设计场地的生态问题，真实客观地进行生态规划与设计决策。

在教学过程中，可在两个层面分别进行生态实验，一个是完整独立的实验课，一个是设计课程包含的实验课时。独立的实验课通过科学的分析手段验证设计决策的有效性，在设计课程中的生态实验则强调对设计场地的科学分析与判断，通过实验结论为设计方案提供决策优化的参考。

生态实验类型涵盖基础性实验、综合性实验和设计性实验。基础性实验的目标是解决学生对自然生态特性的认知问题。实验内容以生态环境因子、水文、土壤、植被为实验对象，在数据采集和分析的基础上，使学生掌握生态实验的步骤和方法。综合性实验的目标是让学生利用已经学过的生态知识和实验技能，寻找场地内关键的生态问题，为设计策略提供有效的帮助。设计性实验是以问题为导向，让学生自行设计实验方案，并用实验结论支撑方案设计。所有的实验都强调从测量到建造的过程，培养学生的创新意识和自主科研能力。

1.3　实验内容

　　以风景园林应用为目标的生态实验主要涉及四个方面，分别是环境、土壤、植物和空间分析。环境是认识场地条件的基础，环境中的光照、温度、湿度、风速是构成环境基础认知的重要物理环境因子，3S技术是环境生态空间分析的重要手段。土壤是植物和微生物生长的重要载体，也是地表径流进行系统循环的重要媒介。土壤结构实验的目的是判断土壤状态，是进行土壤研究的基础。植物是生态系统的载体，也是反映生态系统健康的重要指标。植物抗性实验的目的是判断环境条件对生态系统的扰动情况，是进行生态规划与设计的基础。3S技术突破了微观尺度的场地限制，从宏观视角对生态系统进行分析与解读。教材以风景园林规划和设计为导向，选用上述实验类型，并以设计教学实践为案例，进行了实验应用。

参考文献

[1] 高等学校风景园林学科专业指导小组. 高等学校风景园林本科指导性专业规范（2013年版）[M]. 北京：中国建筑工业出版社，2013：4-8.

[2] 王云才，王敏，严国泰. 面向LA专业的景观生态教学体系改革[J]. 中国园林，2007（9）：50-54.

[3] 王云才，王敏. 图式化与语言化教学：西蒙·贝尔与安妮·斯派恩的风景园林教育观[J]. 中国园林，2014（5）：115-119.

[4] 李雄. 北京林业大学风景园林专业本科教学体系改革的研究与实践[J]. 中国园林，2008（1）：1-5.

[5] 俞孔坚. 哈佛大学景观规划设计专业教学体系[J]. 国外建筑，1998（2）：58-61.

[6] 金云峰，简圣贤. 美国宾夕法尼亚大学风景园林系课程体系[J]. 中国园林，2011（2）：6-11.

[7] 邓位，申诚. 英国景观教育体系简介[J]. 世界建筑，2006（7）：78-81.

[8] 陈芳，冯革群. 德国大学的景观生态教学[J]. 世界地理研究，2005，14（3）：103-107.

[9] 章家恩，骆世明. 生态学专业"五位一体"建设模式的实践探索[J]. 生态科学，2012，31（4）：467-472.

[10] 沈泽昊. 景观生态学的实验研究方法综述[J]. 生态学报，2004（4）：769-774.

[11] 王浩. 传承·交融·创新——记南京林业大学风景园林教育的发展[J]. 建筑与文化，2013（6）：19-22.

[12] 冯潇，李雄，刘燕，杨晓东. 北京林业大学国家级园林实验教学示范中心建设思路[J]. 中国园林，2013（6）：19-22.

[13] 唐军. 以设计为核心以问题为导向东南大学风景园林本科教育的思路与计划[J]. 风景园林，2006（5）：66-68.

[14] 杨锐. 融通型互动式多尺度公共性——清华大学风景园林教育思想及其实践[J]. 中国园林，2008（1）：6-11.

[15] 高翅，吴雪飞，杜雁，张斌. 华中农业大学风景园林专业复合型创新人才培养的探索与实践[J]. 中国园林，2013（6）：23-25.

第2章
风景园林生态实验基础

生态环境因子的观测实验
实验报告撰写

章节导读

本章节包括生态因子的测定仪器及使用、生态环境因子（光照、空气温度与湿度、水温、土温、风速等）的观测实验等内容，并对实验报告的撰写要求进行了说明。

要点

①生态环境因子实验的主要方法
②实验报告的撰写方法

2.1　生态环境因子的观测实验[1, 2]

1. 实验原理

光照强度、气温、空气湿度、土壤温度和土壤pH等主要生态因子的测定仪器及其使用原理如下。

1）照度计

测定太阳辐射强度（单位为1x），一般采用照度计（国产有ST80A型、ZF2型），它是利用光电原理制成的。光电池具有一个氧化层，在光的作用下能释放出电子，只要用一个低电阻的电流表把金属膜和金属基部相连接，就会发出一个与光强度成正比的电流。这种电池对300~700mm的光不仅灵敏，而且具有反应迅速、不需要外接电源等优点。测定时，在照度计的电池槽内装上电池，把光电头的插头插入仪器的插孔，打开开关及探头盖，从照度计的显示屏上显示读数，待数字稳定后，把光敏探头置于欲测光源处便可读数。显示屏的读数分4档，每档相差10倍（单位为1x）。

2）温、湿度计

温度包括气温和土壤温度；湿度主要是指大气湿度。常用的温、湿度测量仪主要有以下三类。

（1）玻璃液体温、湿度计：一般分为两类，一是水银温度表，如普通温度表、最高温度表等；另一类是利用有机液体（如酒精）制成的，如最低温度表。玻璃液体温度表用于瞬时测定，灵敏度较高。空气湿度可用通风干湿温度计测定。通风干湿温度计分干球温度计和湿球温度计，前者用于测定气温，后者用于测定大气湿度。测定时，在湿球温度计下端的水槽中注满水，在温度计的探头上绑上纱布，把纱布的另一端放进水槽中，然后把温度计置于欲测的地方（注意要置于空气流通处）。由于水分蒸发吸收热量，湿球温度计的温度比干球温度计的温度低，从两者的温度差反映出空气的湿度。几分钟后，分别读取干球和湿球的温度，根据干球温度和湿球温度的大小及两者的温度差，从温度计后面的表中，便可查出相对湿度的大小。

空气湿度通常用相对湿度表示。相对湿度是指在一定的温度下，空气中的实际水汽压（e）与该温度下空气的饱和水汽压（E）的比率（以百分比表示），即：

$$相对湿度 = (e/E) \times 100(\%) \tag{2-1}$$

（2）自记温度计：这是利用双金属片热胀冷缩而变形的原理设计而成的温度计，它不但可以记录某个时间的温度，而且可以知道某段时间内大气温度的变化情况、温度极值（最高温度和最低温度）及其出现的时间。

（3）遥测温度计：主要有遥测通风干湿仪和遥测土壤温度仪两种。前者用于遥测大气温度与湿度，后者用于遥测土壤温度。它们利用导线，把感应温度的探头与显示仪器相连。

测定气温时，把温度计置于欲测的地方，数分钟后，便可读数。

（4）土壤温度计：土壤温度计的原理与构造与一般的水银空气温度计相似，所不同的是土壤温度计一端弯曲，以便读数。土壤温度计由不同长短的一组温度计组成，以测定不同深度的土壤温度。测定时，在土壤表面挖不同深度的小坑，把不同深度的温度计埋至不同的深度（注意温度计的底部与地表平行），把土填回，用手压实，一小时后便可读数。

3）pH计

pH计有多种类型，可根据精度的需要选用不同的pH计。测量时，先用标准溶液对仪器进行校正。校正后，用纯净水冲洗测定电极并用干净纱布拭干，便可对被测溶液进行测定。在使用时，需要进行多次测量，通过取平均值的方法修正实验操作误差。

4）风速计

风速计是将流速信号转变为电信号的一种测速式仪器。其原理是将一根通电加热的细金属丝（称热线）置于气流中，热线在气流中的散热量与流速有关，而散热量导致热线温度变化而引起电阻变化，流速信号即转变成电信号，根据测量时间自动换算出风量。主要测量瞬时风速、瞬时风级、平均风速、平均风级和对应浪高等5类数据，并自带存储功能，可连接电脑记录分析。操作前需检查仪器是否处于完好状态，风扇是否正常转动。环境湿度和温度较高时，不能使用风速计。测量时，风扇轴应该面朝待测气流的来向，让风由后向吹过。等待约4s，以获得较稳定、正确的读值。风扇与风向的夹角尽量保持在20°以内。

5) 离心机

离心机可以完成对微小颗粒、各组分密度接近的各种乳浊液或悬浮液进行分离、提纯、浓缩等制备工作。仪器的主要工作原理是通过转子高速旋转产生的强大的离心力，加快混合液中不同比重成分（固相或液相）的沉降速度，把样品中不同沉降系数和浮力密度的物质分离开。操作离心机时，须盖好盖板后才能启动，离心过程中不得随意离开，应随时观察离心机上的仪表是否正常工作，如有异常的声音应立即停机检查，及时排除故障。实验结束后，用1：10次氯酸钠稀释液或其他合适的消毒液常规清洗离心机。

6) 分光光度计

分光光度计是根据溶液吸收不同发射光谱的差异进行检测的实验仪器。配置"参比液"和"待测液"并放于相应位置槽，点击测量按钮后开始测量。使用比色皿时，双手捏比色皿的两个磨砂面，不要触碰透明玻璃面，以免影响吸光度测量。装完液体后，按照一个方向用擦镜纸将比色皿擦拭干净。测试结束后，用蒸馏水将比色皿清洗干净，倒置晾干。

2. 实验目的

了解生态实验需要测定的各生态因子，学习并熟练掌握各基本仪器的使用。

3. 实验材料

冰箱、恒温箱、温度计、湿度计、照度计、土壤温度计、pH计、风速计、离心机、分光光度计。

4. 实验步骤

（1）基本仪器的介绍及使用。教师先逐一介绍照度计，温、湿度计，土壤温度计，pH计等仪器的使用方法和观察记录方法后，学生分成小组进行练习，熟悉各仪器的使用和观测方法。

（2）运用基本仪器测定各生态因子（表2-1）。

（3）了解实验仪器误差并计算相对误差。

（4）学习室内温度、湿度、光照条件的控制。

（5）结合野外生态实验，熟练掌握各仪器的使用。

| 测定项目 | 各生态因子 | | | 表 2-1 |
	1	2	3	4
空气温度（℃）				
空气湿度				
水温度（℃）				
土壤温度（℃）				
光照度（lx）				

复习思考题

（1）分析误差来源。

（2）计算相对误差。

（3）运用所学的知识，设计一个控制光、温度、湿度条件的实验。

2.2　实验报告撰写[3]

实验报告是把实验研究的目的、方法、过程、结果等记录下来，经过分析整理而写成的书面材料。实验报告的撰写是一项重要的基本技能训练，是一种对实验数据的再创造过程。它不仅仅是对某次实验结果的总结，更重要的是它可以培养和训练学生的科学归纳能力、综合分析能力和文字表达能力，是科学论文写作的基础。实验报告的撰写需要遵循一些具体的规范与要求，只有这样才能保证实验报告的质量。

1．基本内容

实验报告的基本内容包括以下几个部分：

（1）实验名称；

（2）课程名称；

（3）学生姓名、学号及合作者相关信息；

（4）指导教师姓名；

（5）实验日期（年、月、日）和地点；

（6）实验目的；

（7）实验原理；

（8）实验内容；

（9）实验场地环境、仪器、试剂与设备；

（10）实验步骤与方法；

（11）实验数据与分析；

（12）结论或结语；

（13）其他附件材料，如实验注意事项、参考文献、致谢或原始记录的附录等，可根据需要适当增加相关内容。

2．撰写格式与方法

上述实验报告中的（6）~（12）部分是实验报告的核心内容或正文部分。当撰写实验目的时，要简单明了。一般而言，实验目的有两点：一是在理论上验证的现象、理论或公式，并使实验者获得深刻和系统的理解；二是在实践上使实验者掌握使用实验设备的技能、技巧和实验操作过程。在实验原理部分，要写明本实验所依从的具体原理。在实验内容部分，要抓住重点，可以从理论和实践两个方面考虑。这部分要写明依据何种理论、拟解决哪些现象或问题，或熟悉什么操作方法。在实验场地环境和器材、试剂部分，要详细介绍场地环境的背景情况、所用材料、主要仪器设备、试剂、实验设计等。

在实验步骤与方法部分，实验者要根据自己实验的实际操作，写出主要操作步骤，需简明扼要，但不要照抄实习指导。同时，要求画出实验流程图（实验装置的结构示意图等）再配以相应的文字说明，这样既可节省许多文字说明，又能使实验报告图文并茂，清楚明晰。

在实验结果分析部分，要对实验数据进行统计分析，并对实验现象进行归纳、描述与深入分析。对于实验结果的表述，一般有三种方法：① 文字叙述，即根据实验目的将原始资料系统化、条理化，用准确的专业语言客观地描述实验现象和结果，要有时间顺序以及各项指标在时间和空间上的关系。② 图表表达，即用表格或坐标图的方式使实验结果突出、清晰，便于相互比较，尤其适合于处理较多，且各处理组观察指标一致的实验，使处理组间异同一目了然。每一个图表应有题目、实验指标和计量单位，并要求有自明性，表明一个科学问题或观点。③ 曲线图，即常见的曲线图应用记录仪器描记出的曲线图，这些指标的变化趋势形象生动、直观明了。在实验报告中，可任选其中一种或几种方法并用，以获得最佳效果。

在讨论部分，要根据相关的理论知识和他人（或前人）的相关研究结果，对自己所得到的实验结果进行解释和分析。如果所得到的实验结果和预期的结果一致，那么它可以验证什么理论？实验结果有什么意义？说明了什么问题？这些是实验报告应该讨论的。但是不能用已知的理论或生活经验硬套在实验结果上；更不能由于所得到的实验结果与预期的结果或理论不符而随意取舍甚至修改实验结果，这时，应该分析其异常的可能原因。如果本次实验失败了，应找出失败的原因及以后实验应注意的事项。不要简单地复述课本上的理论，而缺乏自己主动思考的内容。同时，在讨论中，还需将自己的研究结果与其他同类研究结果进行比较，分析其异同及其产生的原因，或通过比较，提出对某个问题新的解释或新的结论。另外，也可以书写一些本次实验的心得及提出一些问题或建议。

在结论部分，应注意结论不是具体实验结果的再次罗列，也不是对今后研究的展望，而是针对这一实验所能验证的概念、现象或理论的简明总结，是从实验结果中归纳出的一般性、概括性的判断，要简练、准确、严谨、客观。

3. 撰写要求与规范

实验报告是学生在老师的指导下完成的实习研究和调查工作的总结，是一项对学生进行的科研训练，也是对学生成绩进行综合评定的依据，因此，一定要按照相应的规范进行严格要求。

（1）要求实验报告中的概念明确、数据可靠（并需要做必要的统计学分析）、判断准确、推理严谨、图文并茂，使读者对实验结果与结论一目了然。实验中所获得的研究结果与结论能经得住他人的重复和验证。

（2）撰写实验报告时，应以事实为依据，尽量用自己的话表述，忌抄书，不能修改、编造数据。实验方法与步骤可视重要与否而有详有略，但报告应独立成章，不可用"见书第××页"字样而省略。有的实验报告中，结果、分析甚至实验项目可以列表表达。讨论是报告的核心内容之一，应紧扣结果结合相关理论与前人的相关研究进行，切忌就事论事或离题万里，讨论时分析问题应深入，讨论的问题要有意义，切不可将讨论写成平平淡淡的小结。讨论也不可轻易推断或引申，要敢于对一些新发现的现象提出假设或新的观点。对于实验结果与分析部分，可在实验小组内进行充分讨论，必要时也可以参考其他组的数据（需注明），但每个学生的报告必须按照要求独立完成，严禁互相抄袭。

（3）实验报告要求按照学术论文的规范进行，实验研究指标的单位应采用国际标准单位形式；缩略字首次出现时应标注全称；出现生物名称时应标注其相应的拉丁文名称，且须用斜体；引用别人的资料和观点要加以标注或说明。

参考文献

[1] 孙振钧. 生态学实验与野外实习指导[M]. 北京：中国环境科学出版社，2012：6-8.

[2] 简敏菲，王宁. 生态学实验[M]. 北京：科学出版社，2012：15-16.

[3] 章家恩. 普通生态学实验指导[M]. 北京：化学工业出版社，2010：1.

中篇 生态实验详情

第3章 土壤结构实验

章节导读

本章节包括土壤因子的测定仪器及使用、观测实验等内容，包括水文与土壤采样与分析、土壤结构组成、土壤pH值、土壤有机质测定等内容。

要点

① 土壤实验的主要指标类型

② 土壤实验的主要操作方法

土壤结构实验围绕土壤的构造组成方式及相关性质进行测定分析，通过对土壤颗粒组成、土壤含水量、土壤酸碱度、氮、磷和土壤有机质等的测定了解土壤基本特征。土壤水、肥、气、热的保持及运动受土壤结构及其性质的直接影响，且土壤性质与植物的生长发育紧密相关，对土壤相关结构性质的了解及分析，是研究场地特征、材料组成、植物选择的重要依据。

3.1 实验一：土壤样品的采集、制备与保存

土壤样品的采集是土壤性质测定的重要环节，是关系到分析结果和由此得出的结论是否正确的一个先决条件，因此，必须选择有代表性的地点和代表性的土壤。样品的采集、制备与保存必须严格认真地进行，否则即使以后分析工作很精细，也不能得出正确的研究结果。

1. 土壤样品的采集

1）方法选择

土壤采集方法的选择需要视不同的分析目标而定。分析土壤理化性质时，需要按照土壤的发生层次依次采集样品，且在土壤物理性质的测定时，必须采集原状土壤；当研究土壤根层养分供求情况、营养丰缺诊断等问题，则应选择代表性样地，多点采取混合土壤样品。研究土壤盐分动态，也应分层采集土样。

2）采样前的准备

根据土壤环境的检测目标和任务要求，首先到研究区现场踏勘，了解地形地貌、植被分布、土壤类型等因素，然后根据目标制订具体的土壤采样方案（内容包括土壤采样路线、样点布设、采样时间、采样数量等），同时需要准

备采样工具以及仪器设备等。

3）采样工具及仪器设备

（1）采样工具：土钻、铁锹、削土刀、环刀、米尺、铅笔、布袋、铝盒、标签纸等。

（2）配套仪器：GPS定位仪、罗盘、高度计、照相机等。

4）土壤样品的采集

（1）土壤物理性质样品的采集：研究土壤物理性质时，所采集的土壤必须为土壤原状样品。如测定土壤颗粒组成和土壤含水量等物理性质时，可直接用环刀在各土壤层的中部取样。在研究土壤结构特征时，需要关注土壤的湿度，其不应过干或过湿，最好的情况应为不粘铲的状态。另外，土壤采样过程中，不应挤压土壤，保证其完整不变形，保留原状土样，然后将采集的土壤样品置于铝盒或塑料袋中保存，带回实验室内进行分析。

（2）混合土壤样品的采集：**土壤采样点的选择应在场地调研基础上进行，土壤采样单元（0.13～0.2hm²）及数量应具备一定的代表性，采样点**[1]设置在各采样单元中，同时还应选择对照采样单元及采样点。为了尽量避免土壤在空间分布不均的影响，应在同一采样单元的不同方位多点取样，然后将样品均匀混合，使成为具有代表性的土壤样品[2]。土壤采样点的布设既要考虑场地土壤的全局情况，又要视检测目的而定，下面介绍几种常见的土壤采样点布设法。

①**对角线布点法**　该方法适用于面积相对较小、地势较为平坦的地块，地块通常受污水灌溉。布点方法是由地块进水口向出水口引出一条斜线，然后将该对角线三等分，在每个等分的中间取一土壤采样点，即每一个地块将设置三个采样点。根据调研目标、地块面积以及地形条件等可以适当做变动，例如可多划分几个等分段、同时可适当增加土壤采样点等。如图3-1（a）所示，记号"×"处即采样点。

②**梅花形布点法**　此方法适于面积较小、地势平坦、场地土壤分布较为均匀的地块，一般中心点设在两对角线相交处，采样点为5～10个（图3-1b）。

③**棋盘式布点法**　该方法适于场地面积中等、地势平坦且开阔、但土壤分布较不均匀的地块，此种情况采样点一般设10个以上。同时此法也适用于场地土壤受固体废物污染的地块，但由于固体污染物通常分布不均，因此场地采样点应设20个以上（图3-1c）。

④**蛇形布点法**　该法适用于面积相对较大，地势不够平坦，且土壤分布不够均匀的地块。此种方法通常土壤采样点数目较多。同时为了全面客观评价土壤特征，土壤布点同时要检测土壤上的作物生长情况，以便进行对比和分析（图3-1d）。

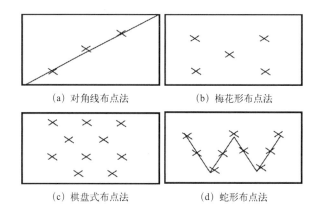

图3-1 土壤采样布点示意图

(a) 对角线布点法　　　(b) 梅花形布点法

(c) 棋盘式布点法　　　(d) 蛇形布点法

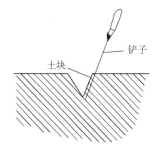

图3-2 土壤采样图

土壤样品采集时一般只需采取场地主要植物根系分布层的土壤（10～50cm）；对于根系分布较深的土壤（如种子园、树木园），土壤采样深度可适当增加。在已经确定的土壤采样点上，用土钻切取土壤混合样品，或用土铲将土壤样品一片片地切取（图3-2），然后集中将土壤样品收集起来混合均匀，放入布袋或纸盒内，布袋外应贴上标签，写明采集地点、深度、名称、采集人和日期等。

5）采样深度

采样深度视检测目的而定。如果只想检测表层土壤状况，只需取0～20cm的土壤就可以了；如果想检测土壤不同深度的特征，则应在土壤剖面分层采样。进行土壤剖面样品的采集时，需在场地采样点挖一个1m×1.5m左右的土坑，较窄的一面作为观察面，观察面的植被不应被破坏，土坑深度视具体情况而定，大多深度约1.0m。

根据土壤剖面的颜色、质地、植物根系分布情况等，自下而上的划分土层，将剖面的特征进行记录[3]。随后于各层中间部用小土铲逐层采样，取土深度和取样量在每层土层采样点应保持一致，然后根据检测目标取得分层土壤试样或土壤混合[4]。

6）采样量

土壤采样一般取样量只需1～2kg即可，而土壤野外采样时土壤往往较大，因此对于野外采集的土壤样品，需将所获得的混合样反复按照四分法进行弃取，然后将最后留下的土壤样品装入塑料袋或布袋。

7）注意事项

（1）土壤样品采样点的布置应避免路边、沟边、堆过肥料的地方以及特殊地形的部位等；

（2）混合土壤样品的采集，一个土壤混合样品通常是由许多点组合而成的，且各采样点的差异不能太大，否则将不具有代表性；

（3）现场土壤采样点的具体情况需要进行详细记录，如场地土壤质地、颜色、剖面形态特征等；

（4）土壤剖面分层取样，必须自下而上采取，取样通常是在各层中部采集，以便土壤样品更明显地反映该层特点，增加该层土壤样品的典型性。

2．土壤样品的制备

土壤样品制备步骤主要包括风干、研磨过筛、混合分样。样品制备目的为：① 去除土壤以外的侵入体（如植物残渣、石粒、砖块等）和新生体，目的是除去非土壤的组成部分；② 适当磨细土壤，使其充分混合，使分析时的少量土壤样品更有代表性；③ 具体土壤分析项目，样品需要进一步磨细，以使分解样品的反应能够充分进行；④ 使土壤样品能长期保存，避免因土壤微生物活动而致其霉坏。

1）仪器用具

土壤筛、硬纸板、木棒、瓷研钵、广口瓶、铅笔、标签等。

2）操作步骤

（1）风干：① **土壤自然风干**　将采集的土壤样品弄碎平铺于干净的纸上，摊成薄层后置于室内阴凉通风处使其自然风干[1]，同时应注意避免阳光直射，环境温度不应该超过40℃。在风干的同时经常加以翻动，以加速其干燥，风干后的土壤再根据需要进行研磨过筛。

② **土壤机器烘干**　将新鲜土壤试样置于容器中放入烘箱，在105±5℃下烘干1～3h至恒重，待烘箱冷却后，取出烘干后的土壤进行研磨过筛。

（2）研磨过筛：① 进行**物理分析**时，取100～200g风干土样，放在硬纸板上，挑去石块、木屑后，将剩余的土壤用木棒碾碎，之后通过2mm土壤筛，留在筛上的土块再重新倒回硬纸板上进行碾碎，如此反复进行，使全部土壤过筛。将过筛的土样称重，以计算其质量百分数，然后将土样混匀后盛于瓶内保存，该土壤样品可以作为土壤物理性质测定所用。

② 进行**化学分析**时，取土壤风干样品一份，挑去石块、根茎后，将土样倒在硬纸板上，用木棒研细，然后使其全部通过2mm土壤筛，这种土壤可供

土壤部分项目的测定，如土壤速效养分以及酸碱度等[2]。而分析土壤有机质时，可取20~30g已通过2mm筛孔的土壤样品，将其进一步研磨，使其通过筛孔小于2mm的土壤筛[3]。

（3）**混合分样**如果采集的土壤样品数量太多，则采用**四分法**进行混合、分样。四分法的具体方法为：将采集的土样弄碎混合并铺成四方形，平均划分成四份，再把对角的两份分为一份（图3-3），如果所得的样品仍然很多，可再用四分法处理，直到所需数量为止。

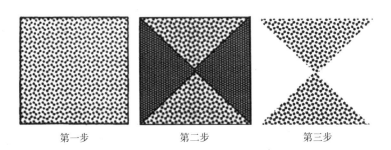

图3-3 四分法取样步骤图

第一步　　　　　第二步　　　　　第三步

3. 注意事项

（1）土壤风干的场所要防止酸、碱等气体及灰尘的污染，且风干过程中要避免受阳光直接暴晒。

（2）测定土壤的这些特性时，不能将土壤样品研磨过细，否则土壤矿物晶粒容易被破坏，使分析结果偏高。同时要注意，研碎土样时，只能用木棒滚压，不能用榔头捶打。

（3）进行土壤有机质检测及分析时，其不受磨碎的影响，因此为了减少误差，需将土壤样品磨得更细。

4. 土壤样品的保存

将制备好的土壤样品经充分混匀，装入广口瓶或塑料袋内，贴好标签，写明编号、采样地点、深度、采样日期等。制备好的土壤样品须妥为贮存，避免日光、高温、潮湿等环境。一般土样可以保存半年到一年，确定全部分析工作结束，且分析数据无误后，才能将保存好的土壤样品弃去。当有重要研究项目也可以将土壤样品进行长期保存，以便在结果检查和进行其他分析项目时取用。

复习思考题

(1) 土壤样品采集方法及土壤采样点布点方法有哪些？

(2) 土壤样品制备的步骤？

(3) 土壤样品保存的方法和条件？

延伸阅读

(1) 请阅读第3章参考文献[1]第3～7页。

(2) 请阅读第3章参考文献[2]第1～6页。

(3) 请阅读第3章参考文献[3]第138～140页。

3.2　实验二：土壤质地（颗粒组成）的测定

土壤质地是土壤的重要特性，它是各个级别土粒质量的百分含量，又称为土壤颗粒组成或者机械组成。土壤质地是影响土壤肥力高低、生产性能优劣的基本因素之一，且其对于土壤的持水性、通气性等特性均有重要影响。

土壤质地的测定方法主要为比重法和土壤质地手测法。比重法操作较简单，适于大批量测定，但精度略差，计算也相对来说比较麻烦。而手测法往往基于大量实践经验，不需要仪器、受限制条件少，便于野外调查，但准确度较低。这里主要介绍比重法。

1. 材料及仪器

1）材料：风干土壤试样（自然风干或机器烘干）

（1）土壤自然风干：土壤样品弄成碎块平铺在干净的纸上，摊成薄层放于室内阴凉通风处自然风干，注意避免阳光直射，且环境温度不超过40℃。经常加以翻动，加速其干燥，风干后的土壤在进行研磨后，待测。

（2）土壤机器烘干：将新鲜土壤试样于容器中放入烘箱（图3-4），在105±5℃下烘干1～3h至恒重，待烘箱冷却后，取出烘干后的土壤进行研磨后，待测。

图3-4　土壤放入烘干箱设置温度

2）仪器：烘箱、分级土壤筛、分析天平：精度为0.01g

2．实验步骤

（1）取适量风干土样，置于分级筛中，分级筛空隙级别由下至上依次递增叠放，即最下层土壤筛空隙最小，最上层土壤筛空隙最大（图3-5）。

（2）摇晃2~5min（图3-6），称取每层分级筛土壤重量记为M_1、M_2、M_3……M_n，并与表3-1中记录。

图3-5 土壤筛分层叠放

图3-6 摇晃放入土壤的分级筛

土壤颗粒组成记录表　　　　　　　　　　　　表 3-1

土壤筛级别 （单位：mm）	土壤样品1	百分比	土壤样品2	百分比	…	土壤样品n	百分比
≥10							
≥6							
≥5							
≥3							
≥2							
≥0.25							
≥0.10							
≥0.075							
＜0.075							
总计							

注：百分比即为土壤粒级含量（%）。

3．土壤粒径含量计算

$$K = \frac{M_n}{M}$$

（3-1）

式中：K ——土壤粒级含量，%；

  M_n ——分级筛土壤质量，g；

  M ——各层土壤重量总和，g；

  （$M = M_1 + M_2 + M_3 + \cdots + M_n$）。

4．确定土壤质地名称

根据黏粒（小于0.002mm）、粉（砂）粒（0.002~0.050mm）及砂粒（0.050~2 000mm）粒级含量（%），在土壤质地分类三角坐标图（图3-7、图3-8）上查得土壤质地名称。

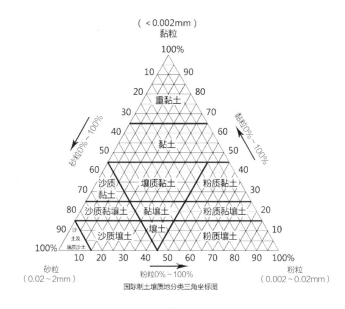

图3-7 国际制土壤质地分类三角坐标图

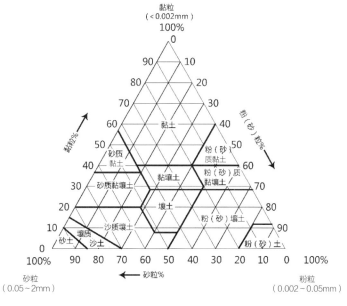

图3-8 美国制土壤质地分类三角坐标图

例：某土壤含黏粒15%、粉（砂）粒20%、砂粒65%，则此土壤的质地名称为"砂质壤土"。

设计应用

砂土的一般特征为土壤砂粒含量高，土壤容易干燥，透水性最强，但土壤含养分少，尤其是有机质含量低，保肥性差。且由于土壤含水量低，易增温也易降温，昼夜温差较大。**壤土**的一般特征为砂粒、粉粒、黏粒含量比例比较适宜，这类土壤既有一定的大孔隙，因此透气透水性较好，又有一定的保水保肥能力，含水量适宜，土壤相比砂土和黏土来说比较稳定。**黏土**的一般特征为透水性差，保水能力强，矿物质养分较丰富，保肥性强，养分转化供应慢，通气性差，黏土热容量大，增温慢降温也慢，昼夜温差较小。

不同土壤质地所具备的土壤水、热、气、养分的状况均不相同，因此为动植物、微生物等提供不同的生存空间。对土壤质地的分析是场地雨水蓄留及排放能力的估计、层次的划分、植物种类选择的重要依据。

对土壤质地的了解，是解释许多土壤其他特性和确定土壤改良和修复方案的必要条件。对于生态可持续的场地而言，改造土壤质地通常是不可取的，了解现状土壤质地条件及其土壤结构、排水性、酸碱度等的关系，比改造土壤质地更为重要。由于土壤理想的特征应该是内源的，而很难是人为创造的，因此改良土壤质地通常需要大量的投入，却很难达到理想效果。因此任何场地的规划设计应该因地制宜，而不是把目标放在土壤的置换或改造上，而是对土壤质地的改善和缓解其不好的变化特征。

复习思考题

（1）土壤质地测定方法有哪些，各自利弊是什么？

（2）不同的土壤质地土壤粒径分布比例？

（3）不同土壤质地的特点？

延伸阅读

（1）请阅读第3章参考文献[1]第27～44页。

（2）请阅读第3章参考文献[2]第14～20页。

（3）请阅读第3章参考文献[3]第282页。

（4）实验视频　土壤粒径分布测定https://www.bilibili.com/video/BV1nJ411q79P

3.3　实验三：土壤水分和干物质的测定

土壤水分含量又称土壤含水率，指的是相对于土壤一定质量或容积中的水量分数或百分比，而不是土壤所含的绝对水量。土壤含水量可直接影响土壤的固相、液相、气相三相比，及土壤的适耕性和植物的生长发育等情况。

土壤含水率是表明土壤渗水、蓄水和其为植被提供水分的主要参考性能，对土壤中营养成分的保留和移动有一定的影响作用，其与许多土壤性质有密切关系，可以通过土壤水分间接了解土壤的机械组成、土壤结构等。

测量土壤含水量的方法较多，这里主要介绍重量法。

1．实验原理

土壤样品在105±5℃烘至恒重，以烘干前后的土样质量差值计算干物质和水分的含量，用质量分数表示。

2．仪器和设备

（1）鼓风干燥箱：105±5℃。

（2）干燥器：装有无水变色硅胶。

（3）分析天平：精度为0.01g。

（4）具盖容器：防水材质且不吸附水分。用于烘干风干土壤时容积应为25～100mL，用于烘干新鲜潮湿土壤时容积应至少为100mL。

（5）样品勺。

（6）样品筛：2mm。

（7）一般实验室常用仪器和设备。

3．实验步骤

1）风干土壤试样的测定

具盖容器和盖子共同置于105±5℃下烘干1h，待稍冷，盖好盖子，将其置于干燥器中冷却至少45min左右，测定具盖容器的质量为m_0，精确至0.01g。用样品勺将10～15g风干土壤样品转移至已称重的具盖容器中，盖上容器盖，测定总质量记为m_1，精确至0.01g。取下容器盖，将容器和风干土壤样品一同放入烘干箱中，于105±5℃下烘干至恒重，盖上容器盖，置于干燥器中冷却至少45min左右，取出后立即测定具盖容器和烘干土壤的总质量记为m_2，精确至0.01g。

2）新鲜土壤试样的测定

具盖容器和盖子一同置于105±5℃下烘干1h左右，待稍冷，盖好盖子后置于干燥箱中冷却至少45min，测定具盖容器的质量记为m_0，精确至0.01g。然后将30～40g新鲜土壤试样移至已称重的具盖容器中并盖上容器盖，测定总质量记为m_1，精确至0.01g。取下容器盖，将容器和新鲜土壤试样共同放入干燥箱中，在105±5℃下烘干至恒重，同时烘干容器盖[1]。然后盖上容器盖，置于干燥器中冷却至少45min，取出后立即测定具盖容器和烘干土壤的总质量记为m_2，精确至0.01g[2]。

4．结果计算与表示

土壤样品中的干物质含量w_{dm}和水分含量w_{H_2O}，分别按照式（3-2）和式（3-3）进行计算。

$$w_{dm} = \frac{(m_2 - m_0)}{(m_1 - m_0)} \times 100 \tag{3-2}$$

$$w_{H_2O} = \frac{(m_1 - m_2)}{(m_2 - m_0)} \times 100 \tag{3-3}$$

式中：w_{dm}——土壤样品中的干物质含量，%；

w_{H_2O}——土壤样品中的水分含量[3]，%；

m_0——具盖容器的质量，g；

m_1——具盖容器及风干土壤试样或具盖容器及新鲜土壤试样的总质量，g；

m_2——具盖容器及烘干土壤的总质量，g。

测定结果精确至0.1%。

5．注意事项

（1）在实验过程中应注意保护具盖容器内的土壤细颗粒，避免其被气流或风吹出。

（2）在土壤烘干后，应尽快对其进行分析，以避免其水分的蒸发。

（3）土壤实验中的土壤水分含量h计算是基于其干物质量计算的，因此其结果可能超过100%。

设计应用

土壤养分的转化和释放必须在有水的情况下进行，植物的生长发育所必需的水分也由土壤供给。因此土壤中含水量的多少将直接影响到场地植物的生长状况，了解土壤水分，可以为植物栽培提供参考。研究表明土壤含水率是田间持水量的60%～80%时，最适宜植物生长，砂土田间持水量应为12%，壤土田间持水量应为24%，黏土则应大于30%。

土壤在雨水的冲刷下会伴随着水分、养分流失和其他理化性质的变化，为了防止土壤水分流失，缓解土壤性质变化，有必要对场地土壤进行维护。为了减少土壤外露，可在场地表面铺设木屑和碎木材等覆盖物。

复习思考题

（1）土壤水分和干物质的测定原理？

（2）土壤水分和干物质的测定步骤？

延伸阅读

（1）建议阅读第3章参考文献[14]。

（2）建议阅读第3章参考文献[1]第8、9页。

（3）建议阅读第3章参考文献[2]第11～13页。

（4）建议阅读第3章参考文献[10]第55～57页。

（5）实验视频　土壤含水量测定（含烘干箱使用方法）
https://www.bilibili.com/video/BV1nJ411q79P？p=2

（6）实验视频　土壤温度湿度含盐量测定（含便携仪器使用方法）https://www.bilibili.com/video/BV1nJ411q79P？p=3

3.4　实验四：土壤pH值（酸碱度）的测定

土壤酸碱度是土壤的基本性质之一，其会影响土壤的理化性质、土壤养分的存在形式及有效性，另外对场地微生物活动及植物生长发育过程也有影响。土壤的酸碱性与场地生物、气候、地形等均有密切的关系。

土壤pH值的测定的方法主要为电位法，是目前土壤分析实验室测定土壤pH值的一般方法，具有准确（pH0.02）、快捷、方便等优点。

1．实验原理

电位法，当规定的指示剂电极和参比电极浸入土壤悬浮液时，构成一原电池，其电动势与悬浮液的pH有关，通过测定原电池的电动势即可得到土壤的pH。

2．试样和仪器

1）仪器

酸度计、玻璃电极[1]、饱和甘汞电极或pH复合电极、玻璃棒或振荡机、烘干箱等。

2）试剂

蒸馏水［或氯化钾（KCl）溶液或氯化钙（CaCl$_2$）溶液］

（1）KCl溶液：c(KCl)＝1mol/L。称取74.6g KCl溶液溶于水，并稀释至1L。

（2）CaCl$_2$溶液：c(CaCl$_2$)＝0.01mol/L。称取1.47g氯化钙（CaCl$_2$·2H$_2$O）溶于水，并稀释至1L。

3）试样

风干土壤试样（自然风干或机器风干）

（1）土壤自然风干：土壤样品弄成碎块平铺在干净的纸上，摊成薄层放于室内阴凉通风处自然风干，注意避免阳光直射，且环境温度不超过40℃。经常加以翻动，加速其干燥，风干后的土壤再进行研磨过2mm样品筛，待测。

（2）土壤机器烘干：将新鲜土壤试样置于容器中放入烘箱，在105±5℃下烘干1～3h至恒重，待烘箱冷却后，取出烘干后的土壤进行研磨后过2mm样品筛，待测。

3．操作步骤

1）待测液的制备

称取10g风干土壤样品[2]通过2mm土壤筛，然后将其置于50mL高型烧杯或其他适宜的容器中，然后加入25mL水（或25mL KCl溶液或25mL CaCl$_2$溶液）。用玻璃棒剧烈搅动1～2min，然后静置1～3h，期间可以用纸覆盖在烧杯上，以避免空气中氨或其他挥发性酸气体的影响。

2）仪器校准

参见pH计使用说明书[3]。

3）测定

pH测量时，应在充分搅拌的条件下或事先充分摇动土壤试样溶液后进行，将电极插入待测溶液中[4]，待读数稳定后即可读取土壤试样溶液pH（图3-9）。

4．结果

直接从pH计上读取pH值，如pH计很灵敏，其读数一直跳动不稳定，可取3～5个读数后取平均值。

图3-9　pH计测量土壤pH值

5．注意事项

（1）使用玻璃电极的注意事项：① pH计的电极球泡部分容易破损，使用时务必小心谨慎，最好在外部套用保护套加以保护。② 玻璃电极表面切忌沾上油污，且不能用浓硫酸或铬酸洗液清洗其表面。另外玻璃电极也不能在强碱及含氟化物的介质中或黏土中停放过久，以免对玻璃电极造成损坏，或让其反应迟钝。

（2）土壤样品切忌磨得过细，最好以通过2mm孔径筛为最佳。如不立即测定土壤样品，则应贮存于瓶中，以免受大气中其他气体的影响。

（3）pH计由于类型很多，其操作步骤也各有不同，因此pH计的操作步骤应严格按照其自带的使用说明书进行。

（4）pH计电极对土壤的测定条件应该保持一致，包括电极在土壤悬浊液中的位置、是否搅动等，一般可将pH玻璃电极停留在清液层，不搅动进行测定，待读数稳定后记录。

设计应用

我国地域广阔，由南至北土壤pH值逐渐升高，大致以北纬33°为界，其以南地区土壤pH值为5.0～6.5，低的可小于5.0。而北纬33°以北地区pH值则一般为7.5～8.5，高可达10.5，由此可见，我国土壤pH值差异很大。pH值7.0～7.5为土壤偏碱性，7.5～8.0为土壤微碱性，8.0～8.5为土壤中碱性。

土壤pH值的变化会对部分植物种子的萌发产生影响，土壤作为植物养分的主要来源，土壤性质的变化影响植物的生长状况。当土壤pH变化影响了土壤养分，部分种子的萌发会由于缺少营养元素而呈现长势衰弱的症状。因此为了维持场地土壤环境的稳定及植物景观效果，对场地植物的选择及后期维护则至关重要。

不同种类的动植物有各自适应的土壤环境，对场地土壤pH值的测定及分析，有助于在设计中更好地选择植物种类，使其适应并改善土壤酸碱度，从而使场地土壤环境趋于稳定，支持土壤微生物的活动及植物生长发育。

复习思考题

(1) 土壤pH值的测定步骤?

(2) 你所在地区土壤pH值的大致范围?

延伸阅读

(1) 请阅读第3章参考文献[15]。

(2) 请阅读第3章参考文献[1]。

(3) 请阅读第3章参考文献[11]。

(4) 实验视频 土壤pH值测定（含称量仪器使用方法）

https://www.bilibili.com/video/BV1nJ411q79P? p=4

3.5 实验五：土壤有机质的测定

土壤有机质是土壤的重要组成成分，其泛指土壤中来源于生命的物质。土壤有机质是场地植物生长发育重要的营养来源之一，它可以促进土壤微生物的活动，改善土壤的物理性质，提高土壤的保肥性和缓冲性。测定土壤有机质含量是判定土壤类型与土壤肥力状况的重要工作。

1. 实验原理

在外加热的条件下（油浴的温度为180℃，沸腾5min），用一定浓度的重铬酸钾—硫酸溶液氧化土壤有机质（碳），剩余的重铬酸钾用硫酸亚铁来滴定，用所消耗的重铬酸钾的量，计算有机碳的含量。本方法测得的结果与干烧法对比，只能氧化90%的有机碳，因此要将测得的有机碳乘以校正系数1.1，从而得到实际有机碳量。在氧化滴定过程中化学反应如下：

$$2K_2Cr_2O_7+3C+8H_2SO_4=2K_2SO_4+2Cr_2(SO_4)_3+3CO_2\uparrow+8H_2O$$

$$K_2Cr_2O_7+6FeSO_4+7H_2SO_4=K_2SO_4+Cr_2(SO_4)_3+3Fe_2(SO_4)_3+7H_2O$$

2. 仪器设备与试剂

1）仪器设备

电子天平、油浴锅、铁丝笼（消煮时插试管用）、可调温电炉、温度计（0～360℃）、滴定台、硬质试管等玻璃器皿。

2）试剂

（1）0.13mol/L $K_2Cr_2O_7$标准溶液：称取经130℃烘干的$K_2Cr_2O_7$（分析纯）39.220g溶于水中，放入1 000mL容量瓶中定容。

（2）H_2SO_4：浓硫酸（分析纯）。

（3）0.2mol/L $FeSO_4$溶液：称取硫酸亚铁（$FeSO_4·7H_2O$，分析纯）56.000g溶于水中，加浓$H_2SO_4$5mL，稀释至1L。

（4）邻菲罗啉指示剂：分别称取邻菲罗啉（分析纯）1.485 09和硫酸亚铁（$FeSO_4·7H_2O$，分析纯）0.695 9，溶于100mL水中，贮于棕色滴瓶中（此指示剂要现配现用）。

（5）Ag_2SO_4：硫酸银（Ag_2SO_4，分析纯），研成粉末。

（6）SiO_2：二氧化硅（SiO_2，分析纯），粉末状。

3．实验步骤

（1）称取过100目筛的风干土样0.1～1g（精确到0.000 1g）[1]，放入一干燥的硬质试管中；另分别取0.500 0g粉状二氧化硅代替土样装入2～3支试管中，做2～3组空白实验。在每支试管中，用移液管加入0.13mol/L $K_2Cr_2O_7$标准溶液5mL（如果土壤中含有氯化物需先加入0.1gAg_2SO_4），再用注射器加入5mL浓H_2SO_4，充分摇匀，管口盖上弯颈小漏斗，用冷凝法蒸出水汽。

（2）预先将液状石蜡油浴锅加热至185～190℃，将试管放入铁丝笼中，然后将铁丝笼放入油浴锅中加热，温度控制在170～180℃，待试管中的液体沸腾产生气泡时开始计时，沸腾5min，取出试管，稍冷，擦净试管外部油液。

（3）冷却后，将试管内容物全部洗入250mL三角瓶中，使瓶内总体积在60～70mL，保持其中硫酸浓度为1～1.5mol/L，此时溶液的颜色应为橙黄色或淡黄色。然后加邻菲罗啉指示剂3～4滴，用0.2mol/L的标准硫酸亚铁溶液滴定[2]，溶液由橙黄色变为绿色、淡绿色，突变为棕红色即为终点。记录标准硫酸亚铁溶液的体积。

4．结果计算

$$土壤有机碳 = \frac{\frac{5c}{v_0}(V_0-V)\times10^{-3}\times3.0\times1.1}{mk}\times1\,000(g/kg) \qquad (3-4)$$

$$土壤有机质 = 土壤有机碳(g/kg)\times1.724(g/kg) \qquad (3-5)$$

式中： c ——$K_2Cr_2O_7$标准溶液的浓度，mol/L；

　　　5 ——重铬酸钾标准溶液加入的体积，mL；

V_0——空白滴定用去FeSO₄溶液体积，mL；

V——样品滴定用去FeSO₄溶液体积，mL；

3.0——1/4碳原子的摩尔质量，g/mol；

10^{-3}——将mL换算为L；

1.1——氧化校正系数；

m——风干土样质量，g；

k——将风干土样换算成烘干土的系数；

1 000——换算成每千克质量。

5．注意事项

（1）根据样品有机质含量决定称样量。有机质含量在大于50g/kg的土样称0.1g，20~50g/kg的称0.3g，少于20g/kg的可称0.5g以上。

（2）一般滴定时消耗FeSO₄量不小于空白用量的1/3，否则氧化不完全的话则应弃去重做。

设计应用

有机质对土壤健康至关重要，对形成良好的土壤结构、渗透性、持水能力、有效养分有着重要意义，还可以促进微生物的活动和新土壤的形成。温带地区最优良的土壤上层30cm包含有机质达到3%~5%。土壤有机质含量在不同土壤中区别很大，某些土壤有机质含量很高（如湿地），而另一些土壤有机质含量则可能非常低。在这种情况下，确定适合的"参考"土壤对场地设计和管理非常有用。在某些区域高比例的有机质可能使土壤更容易被压缩和压实，这类区域不适于承载高密度的交通。

现已有研究证明，植物在凋谢后自身所携带的枯枝部分以及落叶部分是连接植被与土壤的重要成分，虽然其通常被看作是"废弃物"，但其在整个场地的生态循环、维护土壤营养成分、提供生物生存场所等方面仍然起到核心作用。在落叶淤积会积累大量的无机碳和有机碳，在潮湿土壤条件下，会促进土壤有机质的生成。

复习思考题

（1）土壤有机质与土壤有机碳的换算公式？

（2）土壤有机质的来源？

延伸阅读

（1）建议阅读第3章参考文献[1]第103、104页。

（2）建议阅读第3章参考文献[2]第30～33页。

（3）建议阅读第3章参考文献[12]。

（4）建议阅读第3章参考文献[13]。

（5）实验视频 土壤有机质测定https://www.bilibili.com/video/BV1nJ411q79P？p=5

（6）实验视频 土壤溶解氧测定（含分析仪使用方法）https://www.bilibili.com/video/BV1nJ411q79P？p=6

3.6 实验六：土壤氨氮的测定

土壤氮素是一种以生物来源为主的营养元素，土壤氨氮是游离氮，是指可以直接被植物和微生物利用的氮。其和场地施肥水平、温度、植物种类等有关，因此对于土壤氨氮的测定，对于指导场地合理施肥具有一定的实际意义。

这里主要介绍氯化钾溶液提取氨氮的分光光度法。

1. 实验原理

氯化钾溶液（KCl）提取土壤中的氨氮，在碱性条件下，提取液中的氨离子在有次氯酸根离子存在时与苯酚反应生成蓝色靛酚染料，在630nm波长具有最大吸收。在一定浓度范围内，氨氮浓度与吸光度值符合朗伯—比尔定律。

2. 试剂和材料

（1）浓硫酸：$\rho(H_2SO_4)=1.84g/mL$。

（2）二水柠檬酸钠（$C_6H_5Na_3O_7 \cdot 2H_2O$）。

（3）氢氧化钠（NaOH）。

（4）二氯异氰尿酸钠（$C_3Cl_2N_3NaO_3 \cdot H_2O$）。

（5）氯化钾（KCl）：优级纯。

（6）氯化铵（NH_4Cl）：优级纯。

上述材料于105℃下烘干2h。

（7）KCl溶液：$c(KCl)=1mol/L$。称取74.55g氯化钾，用适量水溶解，移入1 000mL容量瓶中，用水定容，混匀。

（8）NH_4Cl标准贮备液：$\rho(NH_4Cl)=200mg/L$。称取0.764g NH_4Cl，用适量水溶解，加入0.30mL浓H_2SO_4，冷却后，移入1 000mL容量瓶中，用水定容，混匀。该溶液在避光、4℃下可保存一个月。或直接购买市售有证标准溶液。

（9）NH_4Cl标准使用液：$\rho(NH_4Cl)=10.0mg/L$。量取5.0mL NH_4Cl标准贮备液于100mL容量瓶中，用水定容，混匀。用时现配。

（10）苯酚溶液[1]：称取70g苯酚（C_6H_5OH）溶于1 000mL水中。该溶液贮存于棕色玻璃瓶中，在室温条件下可保存一年。

（11）二水硝普酸钠溶液{$Na_2[Fe(CN)_5NO]\cdot 2H_2O$}：称取0.8g $Na_2[Fe(CN)_5NO]\cdot 2H_2O$二水硝普酸钠溶于1 000mL水中。该溶液贮存于棕色玻璃瓶中，在室温条件下可保存三个月。

（12）缓冲溶液：称取280g二水柠檬酸钠及22g NaOH，溶于500mL水中，移入1 000mL容量瓶中，用水定容，混匀。

（13）硝普酸钠—苯酚显色剂：量取15mL二水硝普酸钠溶液及15mL苯酚溶液和750mL水，混匀。该溶液用时现配。

（14）二氯异氰尿酸钠显色剂：称取5g二氯异氰尿酸钠溶于1 000mL缓冲溶液中，4℃下可保存一个月。

3．仪器和设备

（1）分光光度计：具10mm比色皿。

（2）pH计：配有玻璃电极和参比电极。

（3）恒温水浴振荡器：振荡频率可达40次/min。

（4）离心机：转速可达3 000r/min，具100mL聚乙烯离心管。

（5）天平：精度为0.001g。

（6）聚乙烯瓶：500mL，具螺旋盖。或采用既不吸收也不向溶液中释放所测组分的其他容器。

（7）具塞比色管：20、50、100mL。

（8）样品筛：5mm。

（9）一般实验室常用仪器和设备。

4．样品

1）样品的采集

按照规定要求采集土壤样品。

2）样品的保存

样品采集后应于4℃下运输和保存，并在3日内分析完毕。否则，应于−20℃（深度冷冻）下保存，样品中氨氮可以保存数周。

当测定深度冷冻的氨氮含量时，应控制解冻的温度和时间。室温环境下解冻时，需在4h内完成样品解冻、匀质化和提取；如果在4℃下解冻，解冻时间不应超过48h。

3）样品的过筛

试样的制备需将采集好的土壤样品去除杂物，手工混匀（佩戴橡胶手套），然后将其过样品筛。

4）试料的制备

称取40.0g试样，将其放入500mL聚乙烯瓶中，然后加入200mL KCl溶液，在20±2℃的振荡器中振荡提取1h。转移约60mL提取液于100mL聚乙烯离心管中，在3 000r/min的条件下离心分离10min。然后将约50mL上清液转移至100mL比色管中，制得试料，待测[2, 3]。

5）空白试料的制备

加入200mL KCl溶液于500mL聚乙烯瓶中，按照与试料的制备相同步骤制备空白试料。

5. 分析步骤

1）校准

分别量取0.00、0.10、0.20、0.50、1.00、2.00、3.50mL NH$_4$Cl标准使用液于一组100mL具塞比色管中，加水至10.00mL，制备标准系列。氨氮含量分别为0.0、1.0、2.0、5.0、10.0、20.0、35.0μg。

向标准系列中加入40.00mL硝普酸钠—苯酚显色剂，充分混合，静置15min。然后分别加入1.00mL二氯异氰尿酸钠显色剂，充分混合，在15～35℃条件下至少静置5h。于630nm波长处，以水为参比，测量吸光度。以扣除零浓度的校正吸光度为纵坐标，氨氮含量（μg）为横坐标，绘制校准曲线。

2）测定

量取10.00mL试料至100mL具塞比色管中，按照校准曲线比色步骤测量吸光度。

3) 空白试验

量取10.00mL空白试料至100mL具塞比色管中，按照校准曲线比色步骤测量吸光度。

6. 计算

1) 氨氮计算

样品中的氨氮含量ω（mg/kg），按照式（3-5）进行计算。

$$\omega = \frac{(m_1 - m_0)}{V} \cdot f \cdot R \qquad (3-6)$$

式中：ω——样品中氨氮的含量，mg/kg；

m_1——从校准曲线上查得的试料中氨氮的含量，μg；

m_0——从校准曲线上查得的空白试料中氨氮的含量，μg；

V——测定时的试料体积，10.0mL；

f——试料的稀释倍数；

R——试样体积（包括提取液体积与土壤中水分的体积）与干土的比例系数，mL/g；按照式（3-6）进行计算。

$$R = \frac{\left[V_{ES} + m_s \cdot (1 - w_{dm}) / d_{H_2O}\right]}{V} \qquad (3-7)$$

式中：V_{ES}——提取液的体积，200.0mL；

m_s——试样量，40.0g；

d_{H_2O}——水的密度，1.0g/mL；

w_{dm}——土壤中的干物质含量，%。

2) 结果表示

当测定结果小于1.00mg/kg时，保留两位小数；当测定结果大于等于1.00mg/kg时，保留三位有效数字。

7. 注意事项

（1）注意配制苯酚溶液时应避免接触皮肤和衣物，以免发生腐蚀。

（2）提取液也可以在4℃下，以静置4h的方式代替离心分离，制得试料。

（3）制得的试料应在一天内分析完毕，否则应将其置于4℃下保存，保存时间不超过一周。

设计应用

　　土壤氮循环在很大程度上受植物生长的调节。首先，植物根系对土壤有机氮的矿化具有促进作用；其次，植物根系淀积的有机碳为固氮生物提供了能源，是土壤联合固氮微生物的主要活动场所。植物根系沉积的氮形式有 NH_4^+、NO_3^-、氨基酸、蛋白质等，一般而言，豆科植物根系淀积的氮量较高，禾本科植物也有一定的淀积量。

　　在氮循环中，氮很容易在这些不同形式之间传递，细菌和植物在这些转变中扮演着重要的角色。当氮的离子化形态深入地表水或地下水时，环境中过量的氮通常会成为一个难题，而当氮以气体形式存在时，固着在土壤中或有机体结合形成有机氮素时，则不会产生前述问题。在植物根系与土壤中的反硝化细菌可以将这些污染物形式的氮变回氮气，将其造成的污染从土壤和水中除去。由于大气中的氮气几乎占去地球大气总量的80%，所以将多余的氮排放到大气中被认为是最好的修复方法。

　　种植系统可以加快土壤中反硝化细菌将氮转化为气体的过程。通过为反硝化细菌提供其繁衍所必需的糖、氧气和根系分泌物（渗出液），植物可以创造一个土壤区域，氮能够在其中迅速转化和返回大气。此外，植物还可以利用氮的污染物形式供自己生长所需，将氧转化为植物生物量和其他形式的有机氮素，从而将其从水中的流动状态下去除，避免对健康和环境造成风险。

　　将氮从土壤、地下水和废水中清除，是植物修复技术的最佳应用方式之一，几十年来田野尺度的实践项目均取得了巨大成功。三个最典型的氮污染修复方案分别为整治受污染的地下水、废水或地表水。对于地下水修复而言，高蒸散率的植物被当作"太阳能泵"来抽水，与此同时，相关细菌将氮转化成气体，或植物本身将氮变成有机氮素的形式。对于污水处理而言，污水通常被灌溉到植物上，其中的氮要么被植物本身吸收，要么被植物根部的细菌转化成气体。人工湿地也可以用于处理污水。最后，对于地表水修复而言，可以应用人工湿地去除氮，雨洪过滤器也可以解决氮源中过多的氮素。

　　因为所有植物都利用氮素，且支持反硝化细菌，故任何一种植物均可以提供某种形式的土壤率和蒸散率。氮很快被耗尽，而植物就像一个巨大的反应器，激活了土壤中的细菌，使氮迅速转化为气体。短期能够产生过大量生物的植物品种已成为去除土壤和地下水中高浓度氮的研究中应用最成功的部分。

复习思考题

　　(1) 土壤氨氮的测量原理及方法？
　　(2) 土壤氨氮测量中在哪些步骤需要注意温度控制？

延伸阅读

（1）建议阅读第3章参考文献[16]。

（2）建议阅读第3章参考文献[1]第53～64页。

（3）建议阅读第3章参考文献[3]第33～39页。

（4）建议阅读第3章参考文献[5]。

3.7 实验七：土壤有效磷（速效磷）的测定

　　土壤速效磷是指土壤中易被植物吸收利用的磷，是土壤有效磷储库中对植物最为有效的部分，也是评价土壤供磷水平的重要指标。对土壤有效磷的测量，在对于土壤管理、施肥以及改善植物磷的影响状况有直接的指导意义。对土壤有效磷的测定，我们采用的是最普遍的化学测速法，即利用提取剂提取土壤中的有效磷含量。

　　这里主要介绍碳酸氢钠浸提有效磷的钼锑抗分光光度法。

1．实验原理

　　用0.5mol/L碳酸氢钠溶液（pH=8.5）浸提土壤中的有效磷。浸提液中的磷与钼锑抗显色剂反应生成磷钼蓝，在波长880nm处测量吸光度。在一定浓度范围内，磷的含量与吸光度值符合朗伯—比尔定律。

2．试剂和材料

1）试剂

（1）硫酸：$\rho(H_2SO_4)=1.84g/mL$。

（2）硝酸：$\rho(HNO_3)=1.51g/mL$。

（3）冰乙酸：$\rho(C_2H_4O_2)=1.049g/mL$。

（4）磷酸二氢钾（KH_2PO_4）：优级纯。

（5）取适量磷酸二氢钾于称量瓶中，置于105℃烘干2h，干燥箱内冷却，备用。氢氧化钠溶液：$\omega(NaOH)=10\%$。

　　称取10.0g氢氧化钠溶于水中，用水稀释至100mL，贮于聚乙烯瓶中。

（6）硫酸溶液：$c(1/2H_2SO_4)=2mol/L$。

　　于800mL水中，在不断搅拌下缓慢加入55mL硫酸，待溶液冷却后，加水至1 000mL，混匀。

（7）硝酸溶液：1+5（V/V）。用硝酸配制。

（8）浸提剂：$c(NaHCO_3)=0.5mol/L$。

称取42.0g $NaHCO_3$溶于约800mL水中，加水稀释至约990mL，用NaOH溶液调节至pH=8.5（用pH计测定），加水定容至1L，温度控制在25±1℃。贮存于聚乙烯瓶中，该溶液应在4h内使用。

（9）酒石酸锑钾溶液：$\rho[K(SbO)C_4H_4O_6 \cdot 1/2H_2O]=5g/L$。

称取0.5g酒石酸锑钾溶于100mL水中。

（10）钼酸盐溶液

量取153mL硫酸缓慢注入约400mL水中，搅匀、冷却。另取10.0g钼酸铵溶于300mL约60℃的水中，冷却。然后将该硫酸溶液缓慢注入钼酸铵溶液中，搅匀，再加入100mL酒石酸锑钾溶液，最后用水定容至1L。该溶液中含10g/L钼酸铵和2.75mol/L硫酸。该溶液贮存于棕色瓶中，可保存一年。

（11）抗坏血酸溶液：$\omega(C_6H_8O_6)=10\%$。

称取10.0g抗坏血酸溶于水中，加入0.2g乙二胺四乙酸二钠EDTA和8mL冰乙酸，加水定容至100mL。该溶液贮存于棕色试剂瓶中，在4℃下可稳定3个月。如颜色变黄，则弃去重配。

（12）磷标准贮备溶液：$\rho(P)=100.00mg/L$。

称取0.439 4g磷酸二氢钾溶于约200mL水中，加入5mL硫酸，然后移至1 000mL容量瓶中，加水定容，混匀。该溶液贮存于棕色试剂瓶中，有效期为1年。或直接购买市售有证标准物质。

（13）磷标准使用液：$\rho(P)=5.00mg/L$。

量取5.00mL磷标准贮备溶液于100mL容量瓶中，用浸提剂稀释至刻度。临用现配。

（14）指示剂：2,4—二硝基酚或2,6—二硝基酚（$C_6H_4N_2O_5$），$\omega=0.2\%$。

称取0.2g 2,4—二硝基酚或2,6—二硝基酚溶于100mL水中，该溶液贮存于玻璃瓶中。

2）仪器和设备

实验中的玻璃器皿需先用无磷洗涤剂洗净，再用硝酸溶液浸泡24h，使用前再依次用自来水和去离子水洗净。

（1）分光光度计：配备10mm比色皿。

（2）恒温往复振荡器：频率可控制在150～250r/min。

（3）土壤样品粉碎设备：粉碎机、玛瑙研钵。

（4）分析天平：精度为0.000 1g。

（5）土壤筛：孔径1mm或20目尼龙筛。

（6）具塞锥形瓶：150mL。

（7）一般实验室常用仪器和设备。

（8）滤纸：经检验不含磷的滤纸。

3．实验步骤

1）试料的制备

称取2.50g土壤试样，置于干燥的150mL具塞锥形瓶中，加入50.0mL浸提剂[3]，塞紧，置于恒温往复振荡器上，在25±1℃下以180～200r/min的振荡频率振荡30±1min，立即用无磷滤纸过滤，滤液应当天分析。

2）校准

分别量取0.00，1.00，2.00，3.00，4.00，5.00，6.00mL磷标准使用液于7个50mL容量瓶中，用浸提剂加至10.0mL。分别加水至15～20mL左右，再加入1滴指示剂，然后逐滴加入硫酸溶液调至溶液近无色，加入0.75mL抗坏血酸溶液，混匀，30s后加5mL钼酸盐溶液，用水定容至50mL，混匀。此标准系列中磷浓度依次为0.00、0.10、0.20、0.30、0.40、0.50、0.60mg/L。

将上述容量瓶置于室温下放置30min（若室温低于20℃，可在25～30℃水浴中放置30min）。用10mm比色皿在880nm波长处，室温高于20℃的环境条件下比色，以去离子水为参比，分别测量吸光度。以试剂空白校正吸光度为纵坐标，对应的磷浓度（mg/L）为横坐标，绘制校准曲线。

3）测定

量取10.0mL试液于干燥的50mL容量瓶中。然后按照与校准相同操作步骤进行显色和测量。

4．结果计算与表示

1）结果计算

土壤样品中有效磷的含量ω（mg/kg），按照公式进行计算。

$$\omega = \frac{[(A-A_0)-a] \times V_1 \times 50}{b \times V_2 \times m \times w_{dm}} \tag{3-8}$$

式中：ω——土壤样品中有效磷的含量，mg/kg；

$\quad\quad A$——试料吸光度值；

$\quad\quad A_0$——空白试验的吸光度值；

$\quad\quad a$——校正曲线的截距；

$\quad\quad V_1$——试料体积，50mL；

$\quad\quad 50$——显色时定容体积，mL；

b ——校准曲线的斜率；

V_2 ——吸取试料体积，mL；

m ——试样量，2.50g；

w_{dm} ——土壤的干物质含量（质量分数），%。

2）结果表示

测定结果小数位数与方法检出限保持一致，最多保留三位有效数字。

5. 注意事项

（1）浸提剂温度需控制在 $25 \pm 1℃$。

（2）注意加入钼锑抗剂的剂量要十分准确，特别是钼酸量的多少，因为其会直接影响显色的深浅和稳定性。

（3）操作过程中，会有 CO_2 气泡产生，应在操作过程中缓慢摇动容量瓶，防止气泡溢出瓶口。

设计应用

磷不能从陆地系统中去除并转化为气体。作为无机矿物，它通常以磷酸盐的形式存在于环境中，即磷的氧化形式。磷污染通常发生于地表水中，当土壤中以小颗粒形式存在的磷被风或水流带走并被冲刷入水体时就会形成污染。这经常发生在雨洪过程中，道路或农业用地的地表径流进入淡水水体，造成藻类数量的爆炸性增长，导致氧气枯竭，严重影响了水生生态系统。

最好的修复磷污染方法是将其截留和稳定在场地内。由于植物需要磷作为一种必不可少的营养素，它们可以从土壤中提取一些磷并代谢形成植物的生物量。研究显示，应用植物修复技术处理被磷污染的土壤，能够每年为每英亩地有效提取平均多达30磅（13.6kg）的磷（Muir，2004）。在温带气候条件下，如果任由叶片掉落下来并腐烂，磷就会回到土壤中，因此植物必须经常收割并运出场地以清除磷。一般来说，磷污染植物修复技术并未广泛应用，因为30磅/英亩的清除率一般都没有高到足以使植物提取和收割成为一个有用的修复途径。只有种植了高生物量植物品种的情况下，才可以考虑（应用植物）从土壤中提取磷。

相反，大多数处理磷污染的植物修复系统，均以从水中滤除磷并将其稳定在周围的土壤中为目标。水中的磷污染通常有两种形式：① 沉积物形式，即磷与土壤颗粒结合，沉积在水中；② 溶解形式，即溶解在水中的可溶性磷。当受污染的水流经植物修复系统时，沉积物形式的磷可以被沉积塘和前池通过沉淀作用物理清除。之后必须将沉淀物挖出并从现场运走。当溶解形式的磷接触到土壤并被其吸收时，就可以从水中清除。磷与土壤结合并固着在场地中，流出的便是清洁的水。当土壤中种植了植物后，它们可以帮助建立沉积物形式和溶解形式的磷颗粒均能够固着的有机结合位点。土壤接触是通过土壤、有机物和沉淀吸附作用固定磷污染最重要的机制，这个过程会形成磷酸盐化合物（例如与钙、铁和/或铝化合），对于每1 000立方英尺的土壤，约40磅（18kg）的磷可以被固定，显然超过植物吸收的量（SandCreek，2013）。正因如此，为清理磷污染建立的雨洪过滤器和人工湿地通常有精心设计的沉淀区和可渗透工程岩土介质，为磷污染清除提供最大数量的结合位点和沉淀化合物，而不是通过植物自身提取。这些土壤可能会在某一时刻达到磷的"承载极限"。然而，添加到系统中的植物有助于持续更新土壤，创造新的结合位点，使土壤始终具有稳定的磷承载能力。

复习思考题

（1）土壤有效磷测量原理？
（2）土壤有效磷含量与实验溶液显色深浅的关系？

延伸阅读

（1）建议阅读第3章参考文献[17]。
（2）建议阅读第3章参考文献[1]第66~76页。
（3）建议阅读第3章参考文献[3]第39~46页。
（4）建议阅读第3章参考文献[5]。

参考文献

[1] 张锰. 土壤·水·植物理化分析教程[M]. 北京：中国林业出版社，2011.
[2] 王友保. 土壤污染与生态修复实验指导[M]. 芜湖：安徽师范大学出版社，2015.
[3] 贾东坡，陈建德. 园林生态学[M]. 重庆：重庆大学出版社，2014.
[4] 鲁如坤. 土壤农业化学分析方法[M]. 北京：中国农业科技出版社. 1999.
[5] （美）凯特·凯能，（美）尼克·科克伍德. 植物生态修复技术[M]. 刘晓明，叶森，毛祎月，骆畅，严雯琪译. 北京：中国建筑工业出版社，2019.
[6] 刘旭，张翠丽，迟春明. 园林生态学实验与实践[M]. 成都：西南交通大学出版社，2015.
[7] 王友保. 生态学实验[M]. 芜湖：安徽师范大学出版社，2013.
[8] 章家恩. 普通生态学实验指导[M]. 北京：中国环境科学出版社，2012.
[9] 刘高峰. 生态学实验与习题指导[M]. 合肥：中国科学技术大学出版社，2015.

[10] 邹文安，吕守贵．田间持水量测定成果合理性分析[J]．中国水利，2016（11）：55-57．

[11] 王海芳．环境监测[M]．北京：国防工业出版社，2014．

[12] 王淑英，于同泉，王建立，等．北京市平谷区土壤有效微量元素含量的空间变异特性初步研究[J]．中国农业科学，2008（1）：129-137．

[13] （美）梅格·卡尔金斯．可持续景观设计场地设计方法、策略与实践[M]．贾培义，郭湧，王晞，贾晶，译；贾培义，审校．北京：中国建筑工业出版社，2016．

[14] 中华人民共和国国家环境保护部科技标准司．土壤干物质和水分的测定重量法：HJ613-2011[S]．北京：中国环境科学出版社，2011．

[15] 中国林业科学研究院．森林土壤pH的测定：LY/T1239—1999[S]．中华人民共和国国家林业局，2007．

[16] 中华人民共和国国家环境保护部科技标准司．土壤氨氮、亚硝酸盐氮、硝酸盐氮的测定氯化钾溶液提取—分光光度法：HJ634—2012[S]．北京：中国环境科学出版社，2012．

[17] 中华人民共和国国家环境部科技标准司．土壤有效磷的测定碳酸氢钠浸提—钼锑抗分光光度法[S]．北京：中国环境科学出版社，2014．

第4章

植物抗性实验

章节导读

本章节主要分析植物种子萌发、幼苗生长、生理生态性状等抗性反映特征，环境胁迫条件分别为盐胁迫、淹水胁迫、重金属胁迫三个类型。

要点

① 植物抗性实验的主要胁迫类型

② 植物抗性实验的主要操作方法

植物抗性实验围绕场地的植被群落特性进行分析，通过对不同乡土植物群落的旱涝生长习性进行监测，筛选最佳的植物群落组合方式。在相同土壤结构的前提下，进行盐分胁迫、淹水胁迫、重金属胁迫对植物影响的研究。

4.1　实验一：盐胁迫对植物种子萌发及幼苗生长的影响

场地经过雨水淋溶后，对土壤的含盐状态造成影响：一方面土壤理化性质会发生改变，另一方面，流入场地的地表径流会携带含有不同程度的盐成分。场地盐胁迫对植物生长发育的各个阶段均会产生影响，如种子萌发、幼苗生长、成株生长等阶段，植物种类不同时，其受影响的程度也各有不同。

本实验主要观察不同盐分（Na_2CO_3或NaCl）溶液对植物种子生长和发育的影响。实验通过对植物各项生态指标的观察、记录和计算，分析植物各项指标在不同盐胁迫条件下的变化趋势，绘制不同性质的盐和浓度与生长指标的相关曲线。种子萌发过程中的指标包括发芽率、发芽势、发芽指数等。幼苗生长过程中的指标包括幼苗株高、根长、茎叶鲜重、根鲜重、茎叶干重和根干重等。

1. 实验材料与设备

（1）种子：白三叶。

（2）试验液：用改良Hoagland营养液分别配制500mg·L^{-1}，1 000mg·L^{-1}，2 000mg·L^{-1}，3 000mg·L^{-1}，4 000mg·L^{-1}个浓度梯度的Na_2CO_3（或NaCl）试验液。以Hoagland营养液作对照。

（3）设备：培养皿（9.5cm）、滤纸（直径为9cm定性滤纸若干）、温度范围：20～60℃（±0.5℃）、电子天平、400mL烧杯、200mL容量瓶、10mL移液管、毫米刻度尺、玻璃棒、镊子。

2．实验步骤

1）预处理

（1）种子的预处理：用10%的次氯酸钠消毒10min，再用30%H_2O_2消毒后，在饱和$CaSO_4$溶液浸泡6h，再冲洗干净。

（2）器皿准备：取培养皿数只，分别按以下处理贴好标签。

（3）植物：白三叶。

Na_2CO_3：500mg·L^{-1}，1 000mg·L^{-1}，2 000mg·L^{-1}，3 000mg·L^{-1}，4 000mg·L^{-1}（或NaCl：500mg·L^{-1}，1 000mg·L^{-1}，2 000mg·L^{-1}，3 000mg·L^{-1}，4 000mg·L^{-1}）。

将每个培养皿底部平铺两片滤纸，以Hoagland营养液为对照，设3次重复。

2）植物种子的培养

挑选籽粒大小相当的种子播于铺有滤纸的培养皿（发芽床）内，然后在培养皿中分别加入不同浓度的营养液10mL，每份样品50粒，不同的品种和浓度均需要设置3个平行样，然后将培养皿置于恒温箱中，在25℃无光条件下培养7d。培养期间，每天需要用Hoagland营养液处理一次，以确保培养皿具有一定湿度，同时加溶液时最好用滴管滴入，防止加水过猛而冲乱种子。当发现培养皿内有5%以上的种子发霉时，需要对其进行消毒或更换新床。

3）幼苗生长指标的测定

测定种子幼苗株高、根长、茎叶鲜重、根鲜重、茎叶干重和根干重。以上各量均记入表4-1。

种子幼苗生长指标的测定 　　　　　　　　　　　　表 4-1

指标	Na_2CO_3（或NaCl）浓度（mg·L^{-1}）					
	0	500	1 000	2 000	3 000	4 000
株高（cm）						
根长（cm）						
茎叶鲜重（cm）						
根鲜重（gm）						
茎叶干重（gm）						
根干重（gm）						
根冠比						

4）种子萌发指标的测定

测定种子发芽过程中发芽率、发芽势、发芽指数等。可记入表4-2。

盐胁迫种子发芽情况记录 表 4-2

天数（天）	Na_2CO_3（或NaCl）浓度（mg·L^{-1}）					
	0	500	1 000	2 000	3 000	4 000
1						
2						
3						
...						
7						

结果计算：

① **发芽率**是决定种子品质和种子实际用价的依据。

$$种子发芽率(G) = 实际发芽种子数/种子总数 \times 种子总数 \times 100\% \quad (4-1)$$

② **发芽势**是指在发芽过程中，每日发芽种子数达到最大值时，发芽种子占总种子数的百分率。发芽势是衡量种子活力、判断种子品质及出苗情况的指标之一，能够反映种子的萌发力。一般情况下，发芽势高的种子，出苗比较迅速、整齐、健壮。

③ **发芽指数**即强调正常萌发的种子数，也强调种子的萌发速度，因此发芽指数是评价种子活力的重要指标。此外发芽指数可以衡量种子萌发期间耐盐性的强弱，发芽指数越大，植物耐盐性越强，相反耐盐性越差。

$$发芽指数(G_t) = \sum (G_t / D_t) \quad (4-2)$$

式中：G_t——t日的发芽数，D_t——发芽天数。

通过发芽指数可以反映种子在失去发芽力之前发生的劣变，故发芽指数比发芽率更能灵敏的表现种子活力，结果记入表4-3。

种子萌发中的发芽率、发芽势及发芽指数计算结果 表 4-3

项目	Na_2CO_3（或NaCl）浓度（mg·L^{-1}）					
	0	500	1 000	2 000	3 000	4 000
发芽率（%）						
发芽势（%）						
发芽指数						

复习思考题

（1）比较不同盐胁迫对植物种子各项指标的影响？

（2）盐胁迫对植物种子哪些指标影响最显著？

延伸阅读

（1）建议阅读第4章参考文献[1]第48～50页。

（2）建议阅读第4章参考文献[2]第133～141页。

4.2 实验二：淹水胁迫对植物生理生态性状的影响

淹水是植物生长的逆境胁迫因子之一。本实验主要通过观察淹水胁迫下植物根系及叶片等一系列生理生态指标的变化，通过对植物株高、叶片个数、叶片颜色、枯叶个数、根系鲜重和干重等各项指标的观察、记录和计算，分析植物各项指标在水分胁迫条件下的变化趋势。加深对植物生理生态指标与土壤水分含量之间关系的认识，研究植物幼苗对淹水的耐受程度，从而合理地选择品种，对城市园林场地建设有重要的意义。

1. 实验原理

水分是解决植物生产力的重要因素之一，淹水能引起植物形态、解剖、生理和代谢等方面的变化。因此，通过设计淹水胁迫实验，来检测植物根系形态、根系活力、叶片含水量、叶片水势、叶片叶绿素含量、叶片光合特性的变化，可以深入认识植物的抗涝性和耐渍性，有利于揭示其适应机制，为景观设计的场地植物选择提供相关参考。

2. 实验材料

（1）材料

种子：向日葵。

土壤：取自表土0～20cm的土壤，风干过后2.5mm筛选，充分混匀以备用。

（2）场地

玻璃温室。

（3）试剂

过氧化氢、氯化三苯四氮唑、磷酸二氢钠、磷酸氢二钠、硫酸、乙酸乙酯、甲醚。

（4）仪器设备

WP4水势仪、分光光度计、LI-6400光合作用测定仪、根系扫描仪分析天平（0.000 1g）、人工气候箱、铝盒、烘箱、剪刀、烧杯、容量瓶、塑料盒、塑料桶、铅笔等。

3. 实验步骤

（1）将向日葵种子用蒸馏水充分清洗后放入培养皿中，用8%的过氧化氢（H_2O_2）浸泡消毒10min，洗净后加蒸馏水在育苗盘中浸种48h（期间换水两次），然后将种子催芽24~48h。

（2）选择发芽一致的向日葵种[1]播种于装有2 500g土壤的塑料盆（高×直径=18cm×18cm）中，共10盆，每盆3粒种子，隔1天浇蒸馏水50mL，为了确保处理时的均匀性，待出苗后每个塑料盆内只保留两株长势健康一致的幼苗。待向日葵第一对初生叶长足后，将其中的5棵向日葵进行淹水胁迫处理，另外5棵按常规管理作为对照，用铅笔注明处理及重复号。

（3）将要进行淹水胁迫处理的5棵向日葵装入大塑料桶中，加入大量蒸馏水（即形成淹水胁迫），以保持水面高出基部3~4cm，隔1天补充水分。

（4）淹水胁迫处理1周后，将放在大塑料桶中5棵向日葵搬出，标记淹水胁迫处理和对照组中每盆其中1株，用LI-6400光合作用测定仪测定相同部位叶片的光合特性[2]，具体使用方法可参考仪器说明，将光合速率、蒸腾速率、气孔导度和细胞间CO_2浓度值记录在表4-4中。

向日葵光合特性记录　　　　　　　表4-4

处理	重复	光合速率 [μmol (m² · s)]	蒸腾速率 [mmol (m⁻² · s⁻¹)]	气孔导度 [mmol (m⁻² · s⁻¹)]	胞间CO₂浓度 [μmol (m⁻² · s⁻¹)]
对照	1				
	2				
	3				
	4				
	5				
淹水胁迫	1				
	2				
	3				
	4				
	5				

（5）将对照和淹水胁迫处理的每盆剩余的各5棵向日葵，用分光光度计测定相同部位叶片的叶绿素含量，将读数记录在表4-5中。

向日葵叶绿素含量记录 表4-5

处理	对照					淹水胁迫				
重复	1	2	3	4	5	1	2	3	4	5
叶绿素含量（mg/g）										

（6）测完叶片光合特性和叶绿素含量后，将10棵向日葵搬回实验室，用剪刀剪下每盆其中的1株向日葵的相同部位的叶片，放入提前称好重量的铝盒（W_1）中，用分析天平称总重，记为W_2，称完后将铝盒置于烘箱中105℃下烘15min杀青，再于80~90℃下烘至恒重，记为W_3，则叶片的自然鲜重$W_f = W_2 - W_1$，干重$W_d = W_3 - W_1$，再根据LWC(%) = $(W_f - W_d)/W_f \times 100\%$计算植物叶片含水量，将结果记录在表4-6中。

向日葵叶片含水量记录 表4-6

处理	重复	W_1/g	W_2/g	W_3/g	W_f/g	W_d/g	LWC/%
对照	1						
	2						
	3						
	4						
	5						
淹水胁迫	1						
	2						
	3						
	4						
	5						

（7）用剪刀剪下每盆剩余1株向日葵的相同部位的叶片，剪碎后平铺在水势仪[3]的小盒子中，用WP4水势仪（具体使用方法可参考仪器说明），待仪器稳定后直接读数，记录样品的水势值，单位用兆帕（MPa）表示，将结果记录在表4-7中。

向日葵水势记录 表4-7

处理	对照					淹水胁迫				
重复	1	2	3	4	5	1	2	3	4	5
水势（MPa）										

（8）测完地上部分的生理生态性状后，将每盆向日葵放入水中，浸透后轻轻来回晃动花盆，待整个根系全部暴露后，小心将根系清洗干净，每盆中的1株用于测定根系活力[4]，另1株用于观察根系形态特征。

（9）参照李合生（2000）的根系活力测定方法，将对照和淹水胁迫处理的向日葵根系用纸巾吸干表面水分后，用剪刀剪下新鲜根尖，称取新鲜根尖样品0.5g，放入10mL烧杯中，加入0.4%TTC（氯化三苯四氮唑）溶液和磷酸缓冲溶液（1/15mol/L，pH7.0）的等量混合液10mL，使根完全浸没在反应液中，置于37℃下暗保温1.5h，此后加入1mol/L硫酸2mL终止反应。把根取出，吸干水分后与乙酸乙酯3～4mL和少量石英砂一起研磨，以提取甲臜。将红色提出液完全过滤到试管中，最后加乙酸乙酯定容至10mL，用分光光度计在波长485nm测定各样品吸光值，用甲臜作标准曲线，从而计算根系活力，单位为mg/(h·g)。将结果记录在表4-8中。

向日葵根系活力记录　　　　　　　　表4-8

处理	重复	样品重量 (g)	吸光值	根系活力 ($mg \cdot h^{-1} \cdot g^{-1}$)
对照	1			
	2			
	3			
	4			
	5			
淹水胁迫	1			
	2			
	3			
	4			
	5			

（10）用剪刀剪下每盆剩余1棵向日葵根系的整个根系，尽量使根系保持完整，利用根系扫描仪扫描，借助专业根系图像分析软件对根图像进行分析，将向日葵总根长（cm）、根表面积（cm^2）、根平均直径（cm）和总根体积（cm^3）记录在表4-9中。

向日葵根系形状记录　　　　　　　　表4-9

处理	重复	总根长 (cm)	根表面积 (cm^2)	根平均直径 (cm)	总根体积 (cm^3)
对照	1				
	2				
	3				
	4				
	5				

续表

处理	重复	总根长（cm）	根表面积（cm²）	根平均直径（cm）	总根体积（cm³）
淹水胁迫	1				
	2				
	3				
	4				
	5				

（11）将实验观测得到的根系形态、根系活力、叶片水势、叶绿素含量、叶片光合特性数据进行统计分析。

4．注意事项

（1）待植物第一对初生叶长足后，应选取长势一致的苗做淹水胁迫处理，为保证实验用量，可适当多种几盆。

（2）当测定光合作用特性时，应使每盆向日葵所处的光源位置一致，条件许可时可考虑采用人工光源。

（3）用于测定水势的叶片不宜太多，不宜超过水势仪专用盒体积的2/3。

（4）用测定根系活力时，尽量将根系多余水分用吸水纸吸干，以确保根系活力测定的根样品重量的准确。

复习思考题

（1）比较不同淹水胁迫对植物生理形态的影响？

（2）淹水胁迫对植物哪些生理形态影响最显著？

延伸阅读

（1）建议阅读第4章参考文献[1]第29～31页。

（2）建议阅读第4章参考文献[3]第34～38页。

4.3 实验三：重金属胁迫对植物的影响

近年来，随着工农业的迅速发展及废弃物的长期排放，使大量重金属镉进入水体、土壤—植物生态系统，镉（Cd）虽然是自然界中存在的天然痕量元素，但由于它在水中的高度溶解性和对作物的高度毒害性被认为是相对于其他重金属更具有危害性的重金属元素。其会阻碍植物根系的生长、抑制植物根系对养分的吸收、从而引起一系列植物生理代谢紊乱，甚至会导致植物死亡。

Cd对植物种子的生长存在不同程度的抑制和刺激作用，种子对污染物的影响最敏感的时候是种子萌发和早期发育阶段。因此本实验主要观察不同浓度的Cd溶液对植物种子早期萌发的影响，通过对种子萌发过程中发芽率、发芽势、发芽指数、植物幼苗叶绿素含量和SOD活性等各项指标的观察、记录和计算，分析植物种子发育初期各项指标在重金属胁迫条件下的变化趋势，同时绘制重金属浓度与生长指标的相关曲线。

4.3.1 重金属对种子萌发的生物效应

1. 实验原理

重金属的存在会对种子根生长产生不同程度的抑制和刺激效应，种子的萌发和早期发育对污染物的影响尤为敏感。

2. 实验材料

1) 仪器与设备

培养皿（10cm×2cm）、滤纸（直径为10cm定量滤纸若干）、电热恒温箱、温度范围20～60℃、电子天平、400mL烧杯、20mL容量瓶、10mL移液管、毫米刻度尺、玻璃棒、镊子。

2) 材料

种子：根据当地环境状况和实验条件选择适当的种子。

相应浓度的重金属溶液（需进行探索性试验确定浓度）。

3. 实验步骤

1) 种子的培养

挑选籽粒大小相当的种子播于铺有滤纸的培养皿（发芽床）内，分别加入不同浓度的培养液10mL，每份样品50粒，各品种各浓度均设3个平行样，然后将培养皿置于恒温箱中，在25℃无光条件下培养14d。培养期间，每天用不同浓度的重金属溶液处理一次以保持一定湿度，加溶液时最好用滴管滴入或用小喷雾器喷入，防止加水过猛，冲乱种子。如果在发芽床内有5%以上的种子发霉，则应进行消毒或更换新床。

2）试验记录

在种子萌发3天后，逐日观察记录正常萌发种子数、不萌发种子数及腐烂种子数。第一次观察后取正常发芽种子测其生理指标，之后每次观察后将正常发芽种子和腐烂种子取出弃掉。观测时间为发芽后1~2周。将观察结果填入表中。

3）计算

（1）发芽率、发芽势和发芽指数的计算：种子发芽试验结束后，要根据观察和记录结果计算种子的发芽势和发芽率。

① 发芽率（%）=7天发芽的种子数/供试验种子数×100%，发芽率是决定种子品质和种子实际用量的依据。其计算式为：

$$G_r = \sum G_t / T \times 100\% \tag{4-3}$$

式中：G_r——发芽率，%；

G_t——在t日的发芽数，个；

T——供试种子总数，个。

② 发芽势（%）=3天发芽种子数/供试验种子数×100% (4-4)

种子发芽势是判别种子质量优劣、出苗整齐与否的重要标志，也与幼苗强弱和产量有密切的关系。发芽势高的种子，出苗迅速，整齐健壮。

③ 发芽指数 $\qquad G_i = \sum (G_t / D_t)$ (4-5)

式中：G_i——发芽指数；

G_t——在t日的发芽数，个；

D_t——相应的发芽天数，天。

根据实验记录表的数据，分别计算发芽率、发芽势和发芽指数，将计算结果填入表中。

（2）生理指标的测定：种子萌发过程中的生理指标主要包括芽长、总长、芽重和总重。发芽3天用镊子轻轻将其取出，用滤纸吸干后，再用刻度尺分别测量芽长和总长；分析天平测其全重和芽重。以上各量均取平均值，将结果制表之后，经分析天平测其全重和芽重。以上各量均取平均值，将结果制表。

复习思考题

通过哪些指标来反映重金属对种子萌发的生物效应?

延伸阅读

建议阅读第4章参考文献[5]第106~108页。

4.3.2 重金属胁迫对植物幼苗叶绿素含量和SOD活性的影响

1. 实验原理

生态因子对生物的影响是多方面的,如生物的形态结构、生理生化过程、行为等,而生物并不是被动接受生态因子对其的影响,对各种生态因子也会产生相应的适应特征。重金属胁迫下植物的叶绿素含量、SOD(含金属辅基的酶)活性等会出现一些生理形态的变化,这些生理指标的变化可通过一定的方法进行测定。

1)叶绿素含量的测定[1]

叶绿素a、b溶于80%丙酮溶液在波长663nm和645nm处有两个较大的吸收峰、根据该波长下叶绿素a、b的吸收比系数和Lambert-Beer定律可得出叶绿素a、b的浓度(μg/mL)与它们在645nm和663nm处的吸光度(A)之间的关系分数,从而可进一步计算出植物的叶绿素含量。

$$C_a = 12.7A_{663} - 2.69A_{645}$$
$$C_b = 2.29A_{645} - 4.68A_{663}$$
$$C_{a+b} = 20.2A_{645} - 8.02A_{663}$$

C_a、C_b、C_{a+b}分别为叶绿素a、叶绿素b和叶绿素a及叶绿素b的浓度。

2)SOD活性的测定[2]

SOD是含金属辅基的酶,它能催化以下反应:

$$2O_2^- + 2H^+ \rightarrow H_2O_2 + O_2$$

由于O_2^-寿命短,不稳定,不易直接测定SOD的活性,因此通常采用间接测量的方法。目前的常用方法有3种,包括氯化硝基四氮唑蓝(NBT)光化还原法、邻苯三酚自氧化法、邻苯三酚自氧化—化学发光法。本实验主要采用NBT光化还原法,其原理是:氯化硝基四氮唑蓝(NBT)在甲硫氨酸(Met)

和核黄素存在的条件下，光照后发生光化还原反应而生成甲腙，甲腙在560nm处有最大光吸收峰。SOD能抑制强度和酶活性在一定范围内成正比，从而可计算出其SOD活性。

2．实验材料

1）材料

当年健康饱满的石竹（或者蜀葵）种子。

2）器材

种子发芽盒、滤纸、剪刀、研钵、分析天平、电子天平、50mL容量瓶、10mL刻度试管、冷冻离心机、微量进样器（1mL、0.1mL）、玻璃棒、胶头滴管、标签纸、光照培养箱、分光光度计等。

3）试剂

①重金属溶液：配置分别含Cd^{2+}为0、5、35、65μg/mL的溶液。

②叶绿素提取液：80%丙酮溶液。

③0.05mol/L磷酸缓冲液（PBS）（pH=7.8）。

④130mmol/L甲硫氨酸（Met）溶液：1.939 9gMet用PBS定容至100mL。

⑤750μmol/L氯化硝基四氮唑蓝（NBT）溶液：0.061 33gNBT用PBS定容至100mL，避光保存。

⑥100μmol/LEDTA-Na$_2$溶液：0.037 21gEDTA-Na$_2$用PBS定容至1 000mL。

⑦20μmol/L核黄素溶液：0.075 3g核黄素用蒸馏水定容至1 000mL，避光保存。

3．实验步骤

1）植物幼苗培养

将大小比较均匀、饱满的石竹（或者蜀葵）种子用蒸馏水浸泡、吸胀后，均匀放入发芽盒中培养。

2）重金属胁迫处理

在植物长出2片真叶后，把幼苗分成若干处理组，分别用不同浓度的Cd^{2+}溶液处理，每个处理做3次重复。每两天用蒸馏水冲洗1次，再用相应原浓度的Cd^{2+}溶液培养7天，观察植物生长状况并记录（形态变化、叶片颜色、株高、根长等）。

3）叶绿素含量的测定

（1）随机称取各处理组植物叶片0.1g，分别剪碎后放入研钵中，加少许提取液研磨成糊状，用提取液分批提取叶绿素，直到残渣无色为止，将提取液过滤后定容至10mL。

（2）测定：以提取液做参比，分别测定各处理组提取液在波长为663、645nm处的吸光度。

（3）计算：计算叶绿素浓度，根据下式求出植物组织中叶绿素的含量：

$$叶绿素含量(\mu g/gFW)=(叶绿素的浓度 \times 提取液体积)/样品鲜重 \qquad (4-6)$$

4）SOD活性的测定

① 取实验组及对照组植物叶片各0.5g，剪碎后分别放入冷冻处理过的研钵中，加预冷的PBS1mL冰浴研磨成匀浆，然后用预冷的PBS定容至5mL，混匀，取2mL于离心（3 000r/min）10min，上清液即为SOD粗提液。

② 建立反应体系：取5mL试管按照表4-10依次加入各溶液建立反应体系。

各溶液建立反应体系用量　　　　　　　　　　　表4-10

试剂（酶）	用量（mL）	终浓度（比色时）
PBS	1.5	
Met	0.3	13mmol/L
NBT	0.3	75μmol/L
EDTA-Na$_2$	0.3	10μmol/L
核黄素	0.3	2.0μmol/L
提取酶液	0.05	各组2支以PBS代替酶液
蒸馏水	0.25	

混匀后，将各组中的一支对照管迅速置于暗处，其余在4 000lx日光下启动反应，反应进行约20min（要求各管受光情况一致，温度高时时间缩短，温度低时时间延长）。

③ 反应结束后，以不照光的对照管为参比，分别测定各组反应体系液在波长560nm下的吸光度。

④ 计算：SOD活性单位以抑制NBT光化还原的50%为一个酶活性单位表示，按下式计算SOD活性：

$$SOD总活性=\frac{(A_{ck}-A_E) \times V}{\frac{1}{2} \times A_{ck} \times W \times V_t} \qquad (4-7)$$

式中：SOD总活性——以鲜重酶单位每克表示；

A_{ck}——照光对照管吸光度；

A_E——样品管吸光度；

V——样品液体体积，mL；

W——样品鲜重，g；

V_t——测定时样品用量，mL。

4. 注意事项

(1) 叶绿素提取过程中尽量避免光照。

(2) SOD活性测定时，要避免温度过高对酶活性的影响。

复习思考题

(1) 植物叶绿素含量和SOD活性测定方法？

(2) 植物叶绿素含量和SOD活性在重金属胁迫下的变化趋势？

延伸阅读

(1) 建议阅读第4章参考文献[4]第16~20页。

(2) 建议阅读第4章参考文献[5]第81~83页。

参考文献

[1] 刘旭，张翠丽，迟春明. 园林生态学实验与实践[M]. 成都：西南交通大学出版社，2015.

[2] 王友保. 生态学实验[M]. 芜湖：安徽师范大学出版社，2013.

[3] 章家恩. 普通生态学实验指导[M]. 北京：中国环境科学出版社，2012.

[4] 刘高峰. 生态学实验与习题指导[M]. 合肥：中国科学技术大学出版社，2015.

[5] 王友保. 土壤污染与生态修复实验指导[M]. 芜湖：安徽师范大学出版社，2015.

[6] 孙振钧. 生态学实验与野外实习指导[M]. 北京：化学工业出版社，2018.

第5章

3S技术空间分析实验

章节导读

本章节介绍 RS（Remote Sensing）、GPS（Global Position System）和GIS（Geographic Information System）等技术的试验，包括卫星及无人机遥感数据的监督分类、目视解译、场地淹没分析等内容。

要点

①遥感数据监督分类操作方法
②遥感数据目视解译方法
③场地淹没分析方法

5.1 实验一：卫星遥感与监督分类

1. 卫星遥感数据获取

在地理空间数据云网站（http://www.gscloud.cn/）注册并登录后可利用网站中的高级检索工具，根据实验目的选择合适的数据集，通过行政区、经纬度等选项对相关研究区域以及特定时间范围的数据进行检索，如图5-1所示。检索结以列表形式呈现，与地理空间位置相对应，可依据需要下载数据。

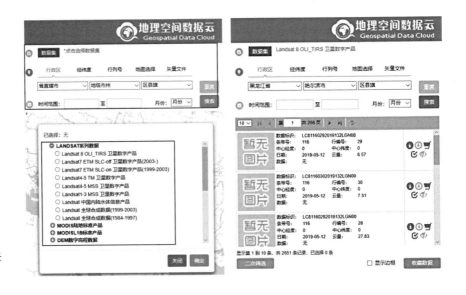

图5-1　地理空间数据云高级检索与下载

2．遥感地图合成

　　下载的遥感影像数据为单波段图，需要进行处理形成多波段合成图，为进一步的数据处理作准备。本试验使用ENVI 4.8（The Environment for Visualizing Images是美国Harris Geospatial Solutions公司的产品）软件对遥感数据进行处理，初步处理包括将多幅单波段图储存为多波段图、加载RGB图像以及ROI识别三个部分。

1）将单波段图储存为多波段图

　　① 打开已下载的数据文件。在主窗口中选择【File（文件)】→【Open Images File（打开)】打开下载的图片需要的波段，选择分辨率相同的TIFF格式文件（B10/20/30/40/50/70），如图5-2所示。

　　② 将单波段储存为多波段。在主窗口中选择【File】→【Save File as】→【ENVI Standard】→【Import File】选择全部波段，【Out Result to（输出位置)】选择【Memory】（图5-3)。

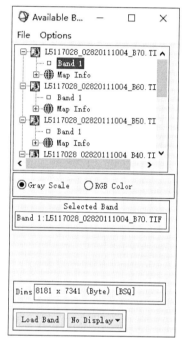

图5-2　打开已下载单波段数据

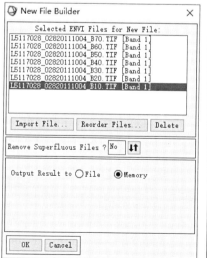
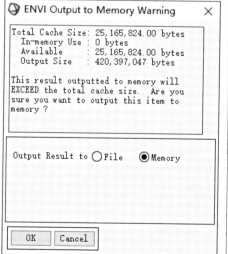

图5-3　将多个单波段图合成为多波段图

2）加载RGB图像

多波段图【Memory1】在【Available Band List】中显示，加载【RGB】可将多波段的黑白图片转换为带有信息的彩色图片，不同的【RGB】组合可以得到不同的彩色图像。

① 选择【Available Band List】中【RGB Color】选项。

② 加载【RGB】有很多种组合，不同的组合在信息表达上各有侧重（表5-1），可根据不同的用途选择不同的组合（表5-2），这里以常用【RGB】组合5、4、3为例，将【R】设置为Band 5，【G】设置为Band 4，【B】设置为Band 3，加载结果如图5-4所示。

LandsetTM 波段组合说明　　　　　　　　　　　　　　　　　　表 5-1

R、G、B	类型	特点
3、2、1	真假彩色图像	用于各种地类识别；图像平淡、色调灰暗、色彩不饱和、信息量相对减少
4、3、2	标准假彩色图像	它的地物图像丰富鲜明、层次好，用于植被分类、水体识别，植被显示红色
7、4、3	模拟真彩色图像	用于居民地、水体识别
7、5、4	非标准假彩色图像	画面偏蓝色，用于研究植物分类
5、4、1	非标准假彩色图像	植物类型较丰富、用于研究植物分类
4、5、3	非标准假彩色图像	(1) 利用了一个红波段、两个红外波段，因此凡是与水有关的地物在图像中都会比较清楚； (2) 强调显示水体，特别是水体边界很清晰，有益于区分河渠与道路； (3) 由于采用的都是红波段或红外波段，对其他地物的清晰显示不够，但对海岸及其滩涂的调查比较合适； (4) 具备标准假彩色图像的某些特点，但色彩不会很饱和，图像看上去不够明亮； (5) 水浇地与旱地的区分容易；居民地的外围边界虽不十分清晰，但内部的街区结构特征清楚； (6) 植物会有较好的显示，但是植物类型的细分会有困难
3、4、5	非标准接近于真色的假彩色图像	对水系、居民点及其市容街道和公园水体、林地的图像判读是比较有利的

OLI 波段合成　　　　　　　　　　　　　　　　　　　　　　表 5-2

R、G、B	主要用途
4、3、2 Red、Green、Blue	自然真彩色
7、6、4 SWIR2、SWIR1、Red	城市
5、4、3 NIR、Red、Green	标准假彩色图像，植被
6、5、2 SWIR1、NIR、Blue	农业

续表

R、G、B	主要用途
7、6、5 SWIR2、SWIR1、NIR	穿透大气层
5、6、2 NIR、SWIR1、Blue	健康植被
5、6、4 NIR、SWIR1、Red	陆地/水
7、5、3 SWIR2、NIR、Green	移除大气影响的自然表面
7、5、4 SWIR2、NIR、Red	短波红外
6、5、4 SWIR1、NIR、Red	植被分析

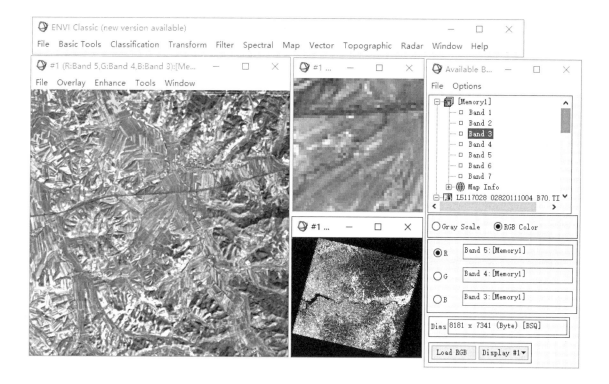

图5-4　加载RGB
(R=Band 5, G=Band 4, B=Band 3)

3. 监督分类

　　监督分类总体上一般可以分为四个过程：定义训练样本、执行监督分类、评价分类结果和分类后处理。其中评价分类结果和分类后处理的顺序可以根据实际情况进行调整。下面结合LandsetTM数据介绍监督分类过程。

1）定义训练样本

　　（1）应用ROI创建感兴趣区：ENVI中是利用ROI来定义训练样本的，也就是把感兴趣区当作训练样本，因此，定义训练样本的过程就是创建感兴趣区的过程。从RGB彩色图像中可以获取的感兴趣区都可以用来定义训练样本。

ROI分类，即选择敏感区域，通过已选择的敏感区，识别场地内与敏感区相同区域。

① 在主图像窗口中选择【Overlay】 →【Region of Interest】 →【ROI Tool】并在【Window】选项中选择【Zoom】选项，【ROI Tool】窗口，如图5-5所示。

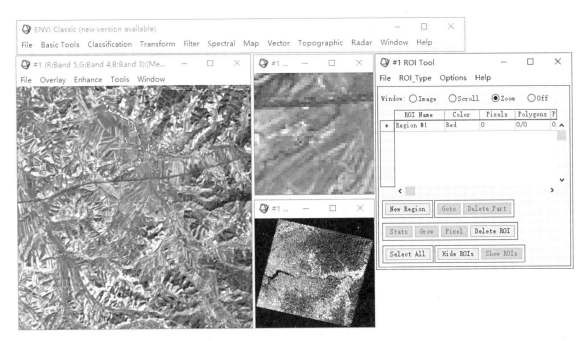

图5-5　ROI Tool窗口

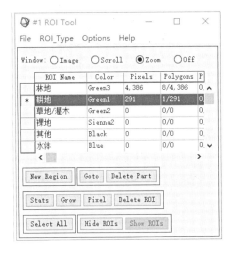

图5-6　新建分区

② 建立分区。单击【New Region】新建分区，在【ROI Tool】对话框中的【ROI Name】字段输入样本的名称（支持中文字符），按【回车键】确认样本名称，一般常分林地、沙地、裸地、耕地、水体以及其他，可根据实际情况进行调整；在【Color】字段中，单击鼠标【右键】选择一种颜色（图5-6）。

③定义分区。在【Zoom】窗口中为不同分区选择样本，单击鼠标【左键】框选样本范围，双击【右键】确定选取。因光谱值有差异，为保证监督分类结果的准确性，需要在【Scroll】窗口中移动显示位置，在不同区域选择样本（图5-7）。

图5-7　样本选择

（2）评价样本：

• 定性评价

ENVI使用计算ROI可分离性（Compute ROI Separability）工具来计算任意类别间的统计距离，这个距离用于确定两个类别间的差异程度。类别间的统计距离是基于下列方法计算的：Jeffries-Matusita距离和转换分离度（Transformed Divergence），来衡量样本（ROI）的可分离性。

① 在【ROI Tools】对话框中，选择【Options】→【Compute ROI Separability】（图5-8）。

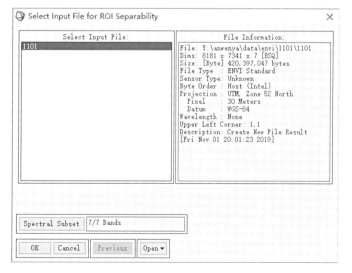

图5-8　Select Input File for ROI Separability窗口

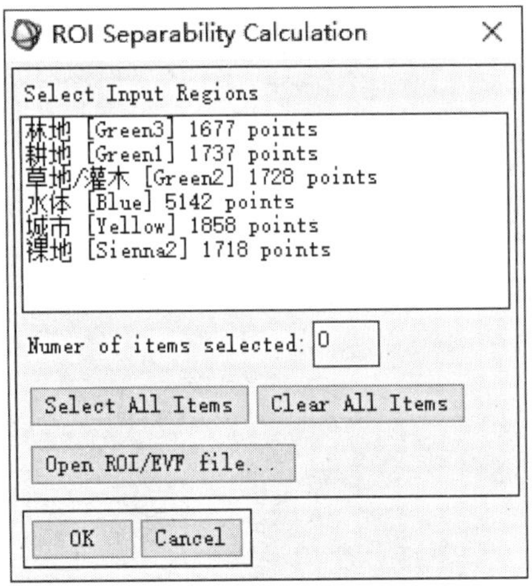

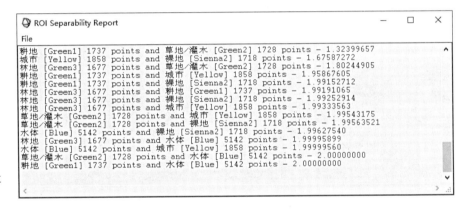

② 在文件选择对话框时，选择输入TM图像文件，单击【OK】按钮（图5-9）。

③ 在【ROI Separability Calculation】对话框中。单击【Select All Items】按钮，选择所有ROI用于分离性计算，单击【OK】按钮，样本的可分离性被计算并显示在窗口中（图5-10）。

图5-9 ROI Separability Calculation窗口

图5-10 ROI分离性计算结果

说明：ENVI为每一个感兴趣区组合计算Jeffries-Matusita距离和Transformed Divergence。在对话框底部，根据可分离性值的大小，从小到大列出感兴趣区组合。这两个参数的值为0.0~2.0，大于1.9说明样本之间可分离性好，属于合格样本；小于1.8需要重新选择样本；小于1.0考虑将两类样本合成一类样本。

④ 在【ROI Tools】对话框中，选择【File】→【Save ROI】，将所有训练样本保存为外部文件（.roi）。

也可以将选取的感兴趣区导入n维可视化（n-D Visualizer）中。在【ROI Tools】对话框中，选择【File】→【Export ROI to n-D Visualizer】，选择相应的待分类图像和需要评价的样本，在【n维可视化】窗口中显示训练样本，相同的样本集中在一起。

值得注意的是，如果训练样本是在增强处理生成的文件上选择的，如PCA变换后的文件，那么需要将选择的ROI协调（Reconcile）到原始分类图像文件上。如果原始图像没有地理参考，在【ROI Tool】对话框中，选择【Options】→【Reconcile ROIs】；如果原始图像有地理参考，则选择【Options】→

【Reconcile ROIs Via Map】。

• 定量评价

①在【ROI Tool】主菜单栏中单击【File】→【Export ROIs to n-D Visualizer】。

②在文件选择对话框时，选择输入TM图像文件，单击【OK】按钮。

③在【n-D Visualizer input ROIs】对话框中单击【Select All Items】按钮，选择所有ROI用于计算，单击【OK】按钮后出现【n-D Visualizer】和【n-D Controls】两个对话框。

④在【n-D Controls】对话框【n-D Selected Bands】选项中依次选择【1】、【2】、【3】、【4】、【5】、【6】、【7】后单击【Start】按钮，可以看到动态变化的样本集聚情况，样本集聚的程度越高代表所选样本越合适（图5-11）。

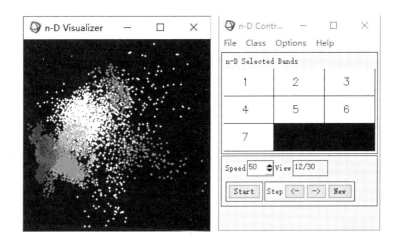

图5-11　n-D Visualizer计算结果

2）执行监督分类

根据分类的复杂度、精度需求等选择一种分类器。在主菜单→【Classification】→【Supervised】→分类器类型（表5-3），此外还包括应用于高光谱数据的波谱角（Spectral Angle Mapper Classification）、光谱信息散度（Spectral Information Divergence Classification）和二进制编码（Binary Encoding Classification）分类方法。

六种监督分类器说明　　　　　　　　　　　　表5-3

分类器	说明
平行六面体 (Parallelpiped)	根据训练样本的亮度值形成一个n维的平行六面体数据空间，其他像元的光谱值如果落在平行六面体任何一个训练样本所对应的区域，就被划分其对应的类别中；平行六面体的尺度是由标准差阈值所确定的，而该标准差阈值则是根据所选类的均值求出

续表

分类器	说明
最小距离 （Minimum Distance）	利用训练样本数据计算出每一类的均值向量和标准差向量，然后以均值向量作为该类在特征空间中的中心位置，计算输入图像中每个像元到各类中心的距离，到哪一类中心的距离最小，该像元就归入到哪一类
马氏距离 （Mahalanobis Distance）	计算输入图像到各训练样本的马氏距离（一种有效的计算两个未知样本集的相似度的方法），最终统计马氏距离最小的，即为此类别
最大似然 （Likelihood Classification）	假设每一个波段的每一类统计都呈正态分布，计算给定像元属于某一训练样本的似然度，像元最终被归并到似然度最大的一类当中
神经网络 （Neural Net Classification）	指用计算机模拟人脑的结构，用许多小的处理单元模拟生物的神经元，用算法实现人脑的识别、记忆、思考过程应用于图像分类
支持向量机 （Support Vector Machine Classification）	支持向量机分类（SVM）是一种建立在统计学习理论（Statistical Learning Theory，缩写为SLT）基础上的机器学习方法；SVM可以自动寻找那些对分类有较大区分能力的支持向量，由此构造出分类器，可以将类与类之间的间隔最大化，因而有较好的推广性和较高的分类准确率

注：选择不同的分类器需要设置的参数不一样。

• 平行六面体（**Parallelpiped**）

① 在主菜单中，选择【Classification】→【Supervised】→【Parallelpiped】，在文件输入对话框中选择TM分类影像，单击【OK】按钮打开【Parallelpiped】参数设置面板（图5-12）。

②【Select Classes from Regions】：单击【Select All Items】按钮，选择全部的训练样本。

③【Set Max stdev from Mean】：设置标准差阈值。有三种类型：【None】——不设置标准差阈值；【Single Value】——为所有类别设置一个标准差阈值；【Multiple Values】——分别为每一个类别设置一个标准差阈值。选择【Single

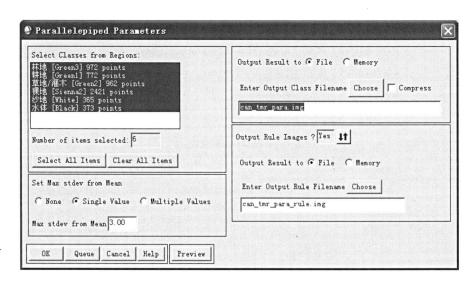

图5-12 平行六面体分
类器参数设置面板

Value】，值为3。

④ 单击【Preview】，可以在右边窗口中预览分类结果，单击【Change View】可以改变预览区域。

⑤ 选择分类结果的输出路径及文件名。

⑥ 设置【Out Rule Images】为【Yes】，选择规则图像输出路径及文件名。

⑦ 单击【OK】按钮执行分类。

• 最小距离（**Minimum Distance**）

① 在主菜单中，选择【Classification】→【Supervised】→【Minimum Distance】，在文件输入对话框中选择TM分类影像，单击【OK】按钮打开【Minimum Distance】参数设置面板（图5–13）。

②【Select Classes from Regions】：单击【Select All Items】按钮，选择全部的训练样本。

③【Set Max stdev from Mean】：设置标准差阈值。有三种类型：【None】——不设置标准差阈值；【Single Value】——为所有类别设置一个标准差阈值；【Multiple Values】——分别为每一个类别设置一个标准差阈值。选择【Single Value】，值为4。

④【Set Max Distance Error】：设置最大距离误差，以DN值方式输入一个值，距离大于该值的像元不被分入该类（注：如果不满足所有类别的最大距离误差，它们就不会被归为未分类【Unclassified】）。也有三种类型，这里选择【None】。

⑤ 单击【Preview】，可以在右边窗口中预览分类结果，单击【Change

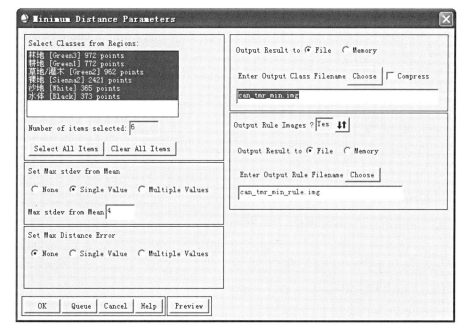

图5–13　最小距离分类器参数设置面板

View】可以改变预览区域。

⑥选择分类结果的输出路径及文件名。

⑦设置【Out Rule Images】为【Yes】，选择规则图像输出路径及文件名。

⑧单击【OK】按钮执行分类。

- 马氏距离（**Mahalanobis Distance**）

① 在主菜单中，选择【Classification】→【Supervised】→【Mahalanobis Distance】，在文件输入对话框中选择TM分类影像。单击【OK】按钮打开【Mahalanobis Distance】参数设置面板（图5-14）。

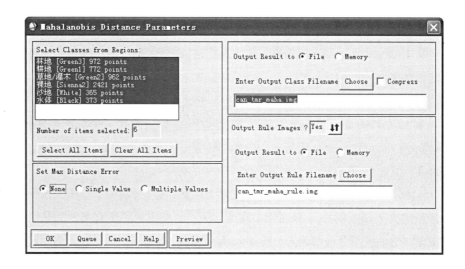

图5-14 马氏距离分类器参数设置面板

②【Select Classes from Regions】：单击【Select All Items】按钮，选择全部的训练样本。

③【Set Max Distance Error】：设置最大距离误差，以DN值方式输入一个值，距离大于该值的像元不被分入该类（注：如果不满足所有类别的最大距离误差，它们就不会被归为未分类【Unclassified】）。也有三种类型，这里选择【None】。

④ 单击【Preview】，可以在右边窗口中预览分类结果，单击【Change View】可以改变预览区域。

⑤选择分类结果的输出路径及文件名。

⑥设置【Out Rule Images】为【Yes】，选择规则图像输出路径及文件名。

⑦单击【OK】按钮执行分类。

- 最大似然（**Likelihood Classification**）

① 在主菜单中，选择【Classification】→【Supervised】→【Likelihood Classification】，在文件输入对话框中选择TM分类影像。单击【OK】按钮打开【Likelihood Classification】参数设置面板（图5-15）。

②【Select Classes from Regions】：单击【Select All Items】按钮，选择全

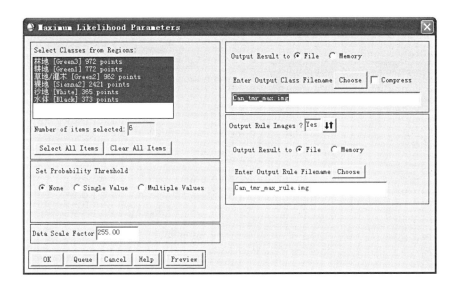

图5-15　最大似然分类
器参数设置面板

部的训练样本。

③【Set Probability Threshold】：设置似然度的阈值。如果选择【Single Value】，则在【Probability Threshold】文本框中，输入一个0到1之间的值，似然度小于该阈值不被分入该类。这里选择【None】。

④【Data Scale Factor】：输入一个数据比例系数。这个比例系数是一个比值系数，用于将整型反射率或辐射率数据转化为浮点型数据。例如：如果反射率数据在范围在0～10 000之间，则设定的比例系数就为10 000。对于没有定标的整型数据，也就是原始DN值，将比例系数设为2^n-1，n为数据的比特数，例如：对于8-bit数据，设定的比例系数为255，对于10-bit数据，设定的比例系数为1 023，对于11-bit数据，设定的比例系数为2047。

⑤ 单击【Preview】，可以在右边窗口中预览分类结果，单击【Change View】可以改变预览区域。

⑥ 选择分类结果的输出路径及文件名。

⑦ 设置【Out Rule Images】为【Yes】，选择规则图像输出路径及文件名。

⑧ 单击【OK】按钮执行分类。

• 神经网络（**Neural Net Classification**）

① 在主菜单中，选择【Classification】→【Supervised】→【Neural Net Classification】，在文件输入对话框中选择TM分类影像。单击【OK】按钮打开【Neural Net Classification】参数设置面板（图5-16）。

②【Select Classes from Regions】：单击【Select All Items】按钮，选择全部的训练样本。

③【Activation】：选择活化函数。对数【Logistic】和双曲线【Hyperbolic】。

④【Training Threshold Contribution】：输入训练贡献阈值（0～1）。该参数决定了与活化节点级别相关的内部权重的贡献量。它用于调节节点内部权重的

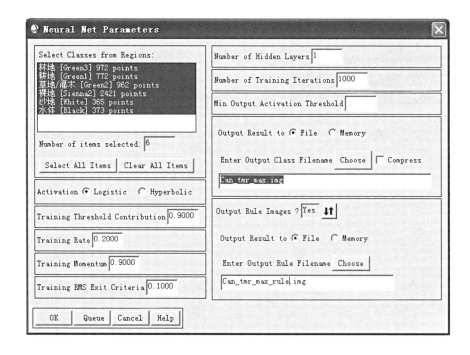

图5-16 神经网络分类
器参数设置面板

变化。训练算法交互式地调整节点间的权重和节点阈值，从而使输出层和响应误差达到最小。将该参数设置为0不会调整节点的内部权重。适当调整节点的内部权重可以生成一幅较好的分类图像，但是如果设置的权重太大，对分类结果也会产生不良影响。

⑤【Training Rate】：设置权重调节速度（0~1）。参数值越大则使训练速度越快，但也增加摆动或者使训练结果不收敛。

⑥【Training Momentum】：输入一个0~1的值。该值大于0时，在【Training Rate】文本框中键入较大值不会引起摆动。该值越大，训练的步幅越大。该参数的作用是促使权重沿当前方向改变。

⑦【Training RMS Exit Criteria】：指定RMS误差为何值时，训练应该停止。RMS误差值在训练过程中将显示在图表中，当该值小于输入值时，即使还没有达到迭代次数，训练也会停止，然后开始进行分类。

⑧【Number of Hidden Layers】：键入所用隐藏层的数量。要进行线性分类，键入值为0。没有隐藏层，不同的输入区域必须与一个单独的超平面线性分离。要进行非线性分类，输入值应该大于或等于1，当输入的区域并非线性分离或需要两个超平面才能区分类别时，必须拥有至少一个隐藏层才能解决这个问题。两个隐藏层用于区分输入空间，空间中的不同要素不临近也不相连。

⑨【Number of Training Iterations】：输入用于训练的迭代次数。【Min Output Activation Threshold】：输入一个最小输出活化阈值。如果被分类像元的活化值小于该阈值，在输出的分类中，该像元将被归入未分类【Unclassified】。

⑩选择分类结果的输出路径及文件名，设置【Out Rule Images】为【Yes】，

选择规则图像输出路径及文件名，单击【OK】按钮执行分类。

　　• 支持向量机（**Support Vector Machine Classification**）

　　① 在主菜单中，选择【Classification】→【Supervised】→【Support Vector Machine Classification】，在文件输入对话框中选择TM分类影像。单击【OK】按钮打开【Support Vector Machine Classification】参数设置面板（图5-17）。

　　②【Kernel Type】下拉列表里选项有【Linear】、【Polynomial】、【Radial Basis Function】以及【Sigmoid】。如果选择【Polynomial】，设置一个核心多项式【Degree of Kernel Polynomial】的次数用于SVM，最小值是1，最大值是6。如果选择【Polynomial or Sigmoid】，使用向量机规则需要为【Kernel】指定【Bias】，默认值是1。如果选择是【Polynomial】、【Radial Basis Function】、【Sigmoid】，需要设置【Gamma in Kernel Function】参数。这个值是一个大于零的浮点型数据。默认值是输入图像波段数的倒数。

　　③【Penalty Parameter】：这个值是一个大于零的浮点型数据。这个参数控制了样本错误与分类刚性延伸之间的平衡，默认值是100。

　　④【Pyramid Levels】：设置分级处理等级，用于SVM训练和分类处理过程。如果这个值为0，将以原始分辨率处理；最大值随着图像的大小而改变。

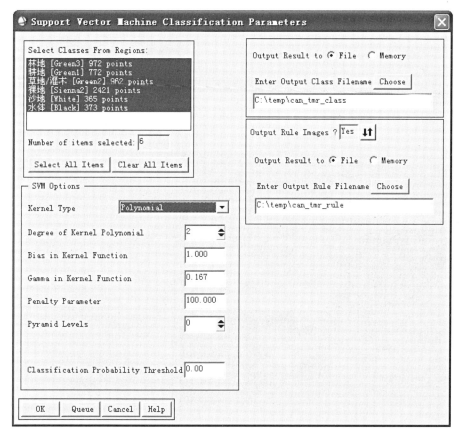

图5-17　支持向量机分类器参数设置面板

⑤【Pyramid Reclassification Threshold（0~1）】：当【Pyramid Levels】值大于0时候需要设置这个重分类阈值。

⑥【Classification Probability Threshold】：为分类设置概率域值，如果一个像素计算得到所有的规则概率小于该值，该像素将不被分类，范围是0~1，默认是0。

⑦选择分类结果的输出路径及文件名。

⑧设置【Out Rule Images】为【Yes】，选择规则图像输出路径及文件名。

⑨单击【OK】按钮执行分类。

4. 制图

1）分类的显示

①在主菜单中单击【Classification】→【Supervised】→【Maximum Likelihood】（最大似然）。

②在文件选择对话框中，选择输入TM图像文件，单击【OK】按钮。

③在【Maximum Likelihood Parameters】对话框中单击【Select All Items】给输出分类文件命名并选择存储位置，然后击【OK】按钮输出。在【Available Band List】中出现新的图层。

④单击鼠标右键新建图层→【Load Band to New Display】在新窗口中加载分类图像（图5-18）。

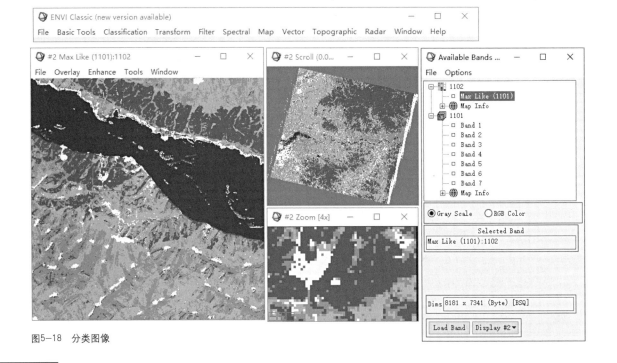

图5-18　分类图像

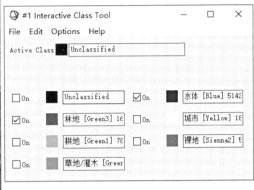

图5-19　分类叠加显示

2）分类的更改与处理

（1）基础属性的更改：

①在多波段图像显示窗口主菜单栏上单击【Overlay】—【Classification】。

②在文件选择对话框中，选择输入TM图像文件，单击【OK】按钮。

③在【Interactive Class Tool】中勾选不同分类类型可在叠加显示（图5-19）。

④在【Interactive Class Tool】对话框中单击【Options】→【Edit Class Colors/Names…】可对分类的名称、颜色等属性进行更改（图5-20）。

（2）分类更改：

①在【Interactive Class Tool】对话框中单击【Edit】→【Mode：Polygon Add to Class】进行修改。

②在【Interactive Class Tool】的【Edit Window】中选择【Zoom】窗口，在选择时更加准确。

③在类别选项处勾选要修改的区域要归并为的类别，并单击该类别名称前的色块，选中该类别（图5-21）。

④在【Zoom】窗口中单击鼠标【左键】框选区域，单击【右键】闭合所选区域，再次单击【右键】把所选区域归到所选类别中（图5-22）。

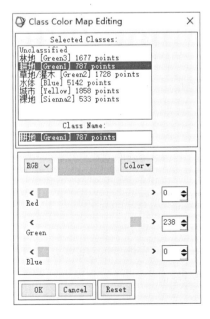

图5-20　更改分类属性更改

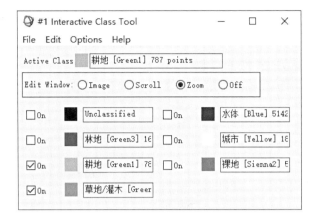

图5-21 选择即将修改为的类别

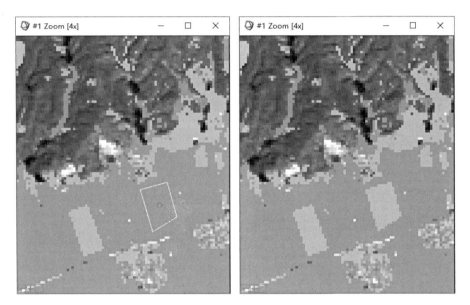

图5-22 选择修改类别区域

（3）精度验证

利用混合矩阵，进行精度验证。

①在主菜单栏中选择【Classification】→【Post Classification】→【Confusion Matrix】→【Using Ground Truth ROIs】。

②在文件输入窗口中选择需要验证的分类图像文件，单击【OK】按钮。

③在【Match Classes Parameters】对话框中，确认印证样本与选择样本单击【OK】按钮（图5-23）。

④在【Confusion Matrix Parameters】对话框中，单击【OK】按钮（图5-24）。

⑤所得结果矩阵列表，如图5-25所示。

（4）剔除碎小斑块

包括定性分析方法与定量分析方法，其中多数少数分析和聚类分析为定性分析，尺寸等级分析属于定量分析。

• 方法一：多数少数分析

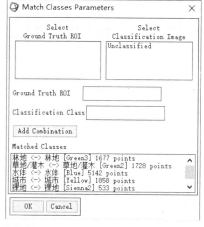

图5-23　Match Classes Parameters对话框

Confusion Matrix Parameters

图5-24　Confusion Matrix Parameters对话框

Class Confusion Matrix

File

Confusion Matrix: Y:\anwenya\data\envi\1101\1102

Overall Accuracy = (11898/13860) 85.8442%
Kappa Coefficient = 0.8189

Ground Truth (Pixels)

Class	林地	草地/灌木	水体	城市	裸地
Unclassified	0	0	0	0	0
林地 [Green3]	1617	15	4	0	9
草地/灌木 [Gr	43	1627	0	7	1
水体 [Blue] 5	0	0	5131	0	66
城市 [Yellow]	1	8	7	1713	611
裸地 [Sienna2	0	0	0	127	1031
耕地 [Green1]	16	78	0	10	0
Total	1677	1728	5142	1858	1718

Ground Truth (Pixels)

Class	耕地	Total
Unclassified	0	0
林地 [Green3]	0	1646
草地/灌木 [Gr	945	2623
水体 [Blue] 5	0	5197
城市 [Yellow]	13	2353
裸地 [Sienna2	0	1158
耕地 [Green1]	779	883
Total	1737	13860

Ground Truth (Percent)

Class	林地	草地/灌木	水体	城市	裸地
Unclassified	0.00	0.00	0.00	0.00	0.00
林地 [Green3]	96.42	0.87	0.08	0.05	0.52
草地/灌木 [Gr	2.56	94.16	0.00	0.38	0.06
水体 [Blue] 5	0.00	0.00	99.79	0.00	3.84
城市 [Yellow]	0.06	0.46	0.14	92.20	35.56
裸地 [Sienna2	0.00	0.00	0.00	6.84	60.01
耕地 [Green1]	0.95	4.51	0.00	0.54	0.00
Total	100.00	100.00	100.00	100.00	100.00

Ground Truth (Percent)

Class	耕地	Total
Unclassified	0.00	0.00
林地 [Green3]	0.00	11.88
草地/灌木 [Gr	54.40	18.92
水体 [Blue] 5	0.00	37.50
城市 [Yellow]	0.75	16.98
裸地 [Sienna2	0.00	8.35
耕地 [Green1]	44.85	6.37
Total	100.00	100.00

Class	Commission (Percent)	Omission (Percent)	Commission (Pixels)	Omission (Pixels)
林地 [Green3]	1.76	3.58	29/1646	60/1677
草地/灌木 [Gr	37.97	5.84	996/2623	101/1728
水体 [Blue] 5	1.27	0.21	66/5197	11/5142
城市 [Yellow]	27.20	7.80	640/2353	145/1858
裸地 [Sienna2	10.97	39.99	127/1158	687/1718
耕地 [Green1]	11.78	55.15	104/883	958/1737

Class	Prod. Acc. (Percent)	User Acc. (Percent)	Prod. Acc. (Pixels)	User Acc. (Pixels)
林地 [Green3]	96.42	98.24	1617/1677	1617/1646
草地/灌木 [Gr	94.16	62.03	1627/1728	1627/2623
水体 [Blue] 5	99.79	98.73	5131/5142	5131/5197
城市 [Yellow]	92.20	72.80	1713/1858	1713/2353
裸地 [Sienna2	60.01	89.03	1031/1718	1031/1158
耕地 [Green1]	44.85	88.22	779/1737	779/883

图5-25　计算结果矩阵

①在主菜单栏中选择【Classification】→【Post Classification】→【Majority/Minority Analysis】。

②在文件输入窗口中选择分类图像文件，单击【OK】按钮。

③在【Majority/Minority Parameters】对话框中，单击【Select All Items】按钮，选中后单击【OK】按钮。其中【Majority】的【Kernel Size】值越大合并的越多，【Minority】值应用相对较少，常用参数设置如图5-26所示。

④处理结果，如图5-27所示。

图5-26　Majority/Minority Parameters常用参数设置

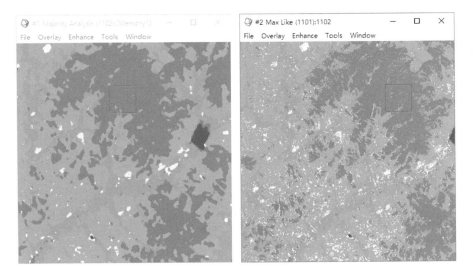

图5-27 多数少数分析
处理前后图像对比

• 方法二：聚类分析

① 在主菜单栏中选择【Classification】 → 【Post Classification】 → 【Clump Classes】。

② 在文件输入窗口中选择分类图像文件，单击【OK】按钮。

③ 在【Clump Parameters】对话框中，单击【Select All Items】按钮，选中后单击【OK】按钮。单击【OK】按钮处理结果，如图5-28所示。

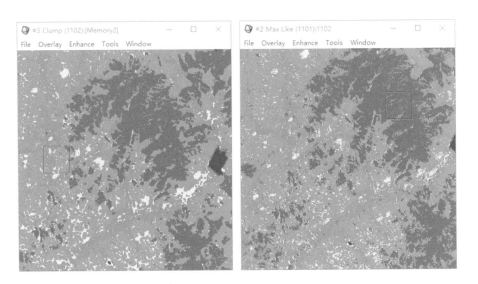

图5-28 聚类分析处理
前后图像对比

• 方法三：尺寸等级分析

① 在主菜单栏中选择【Classification】 → 【Post Classification】 → 【Sieve Classes】。

② 在文件输入窗口中选择分类图像文件，单击【OK】按钮。

③ 在【Sieve Parameters】对话框中，单击【Select All Items】按钮，选中

后单击【OK】按钮。单击【OK】按钮处理后结果，如图5-29所示。

（5）分类统计

①在主菜单栏中选择【Classification】→【Post Classification】→【Classes Statistics】。

②在【Classification Input File】对话框中选择剔除小板块后的图像文件，单击【OK】按钮。

③在【Statistics Input File】对话框中选择原始分类图像文件，单击【OK】按钮。

④在【Class Selection】对话框中，单击【Select All Items】按钮，选中后单击【OK】按钮。

⑤在Compute Statistics Parameters对话框中保持默认选项，单击【OK】按钮（图5-30）。

图5-29　尺寸等级分析处理结果

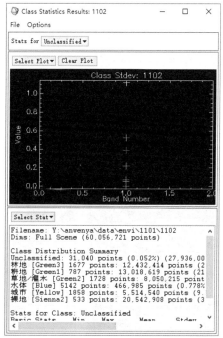

图5-30　分类统计计算结果

3）分类图的导出

（1）导出矢量图：将分类图导出为矢量图为进一步的研究分析提供基础数据。

①在主菜单栏中选择【Classification】→【Post Classification】→【Classification to Vector】。

②在【Raster To Vector Input Band】对话框中选择要导出的图像文件，单击【OK】按钮。

③在【Raster To Vector Parameters】对话框中单击【Select All Items】，全部选择后单击【OK】按钮。

④在【Available Vectors List】对话框中选择图层，单击【Load Selected】按钮。

⑤在【Load Vectors】对话框中选择【New Vector Window】选项，单击【OK】按钮即在新窗口中显示分类图的矢量图像（图5-31）。

（2）遥感影像与分类结果的叠加：为了更明显的显示特定类别的要素，可以通过将特定类别叠加在遥感图像上的方法进行显示。

①在主菜单栏中选择【Classification】→【Post Classification】→【Overlay Classes】。

②在【Input Overlay RGB Image Input Band】对话框中，将【R】设定为Band4，【G】设定为Band3，【B】设定为Band2，单击【OK】按钮。

③在【Classification Input File】对话框中选择要进行叠加的分类图像，单击【OK】按钮。

④在【Class Overlay to RGB Parameters】对话框中选择要进行叠加的类别，单击【OK】按钮将分类结果叠加到遥感图像上（图5-32）。

⑤为达到图面美观效果，对叠加图进行适当处理，在叠加图显示窗口中单击【Enhance】→【[Zoom] Equalization】对图面进行拉伸处理（图5-33）。

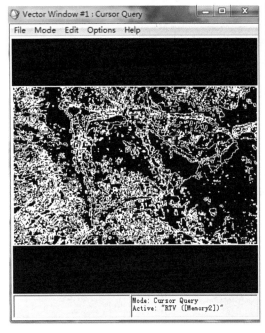

图5-31 矢量分类图

图5-32 遥感影响与分类结果叠加图

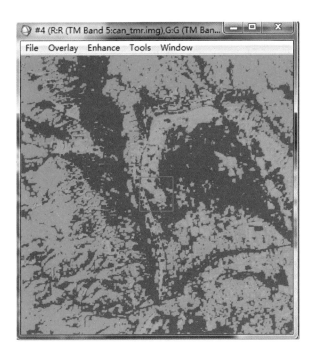

图5-33　调整后图像

复习思考题

（1）卫星遥感数据获取途径都有哪些？

（2）监督分类的六种方法，哪种更适合用于植被分类？

5.2　实验二：无人机遥感及目视解译

1. 数据要求

无人机遥感处理软件有很多种，如ESRI公司的Drone2Map（2018年11月版本为1.3.2版）等。本书实验以ICAROS公司的OneButton Pro（5.1版）为实验软件，需要ArcGIS 10.3以上版本配合。

OneButton 对图像有以下几个要求：

（1）图像格式为TIFF或者JPEG。

（2）包括内外方位元素的 GPS 或者元数据信息。

1）**必要参数：**

（1）纬度、经度、高度，或者平面坐标系 X、Y、Z。高度（Z）必须是海平面之上。

（2）焦距，相机像素大小。

2）可选参数：

（1）Roll/Pitch/ Yaw 或者 Omega/Phi/ Kappa。

（2）相机标定参数。

（3）相机高度。

2．无人机图像处理

1）新建工程

（1）启动OneButton。

（2）在工具栏中，单击【New】按钮，打开【Create NewProject】面板。

（3）在【Create New Project】面板中，【Input Data】参数栏中，设置以下参数：

①选择工程名称【Project File】：单击【…】按钮选择一个工程文件路径和文件名。

②选择元数据源【Data Source】：【Image Metadata】。

③选择图像文件夹【Image Folder】：单击【…】按钮选择所处理图像所在的文件夹。

④【Select UTM Zone Automatically】选择选项默认，自动设置数据所在的带号。

（4）【Applicaton/Sensor Settings】参数栏中，设置以下参数。

①模板名称【Template Name】：【Urban Mapping】。

②地形类型【Terrain Type】：【Flat】地表类型【Surface Type】：【Structures】，【Suburban】。

③最大和最小高程：自动从 DTM 文件中获取。

④相机标定文件【Camera Calibration File】：不选择。

⑤图像大小【Image Size】：自动获取。

⑥相机分辨率【Sensor Pixel Size（mm）】：自动获取。

注：ENVI OneButton 软件自带一个相机数据库，包括大部分相机分辨率信息，如果不能自动识别，可以通过以下公式进行计算：

Pixel Size（mm）=［Sensor Size（mm）］/［Image Size（pixels）］

比如：

Sensor Size：22.3×14.9 mm Image Size：4 608×3 072 pixels

Sensor Pixel Size ：22.3/4 608＝0.004 8

⑦焦距长度【Lens Focal Length（mm）】：自动获取。

⑧传感器光谱【Sensor Spectrum】：【Standard】，一般拥有3个或者4个波段的图像可称之为标准的。

注：如果图像超过4个波段，就选择【Multi-spectral】，同时需要选择多光谱类型【Multispectral Type】，有两种类型供选择。

a.【Multi-channel】：超过4个波段，每个波段组合一个图像文件（TIFF，JPEG 格式）。

b.【Multi-page】：以Multi-page tiff格式文件提供。

⑨是否允许修改像素值【Don't Modify Pixel Values】：不勾选。

注：如果想保留原始的像素值则勾选该参数。

（5）【Input Data Properties】参数栏中，设置以下参数：

①图像重叠度【Image Overlap（%）】，按照默认参数。

②地面采样间隔【Ground Sampling Distance】，按照默认。

（6）【Advanced Settings】面板中的参数都按照默认设置。

注：该选项中的参数介绍参考后面的附录。

（7）所有参数设置如图5-34所示，单击【OK】按钮，弹出【Image Altitude Check】界面，提醒用户检查高程信息，一般情况下选择【No】，不需要修改。此处单击【No】，软件会从图像中识别方位元素，如图5-35所示。

图5-34　提醒检查图片的高程

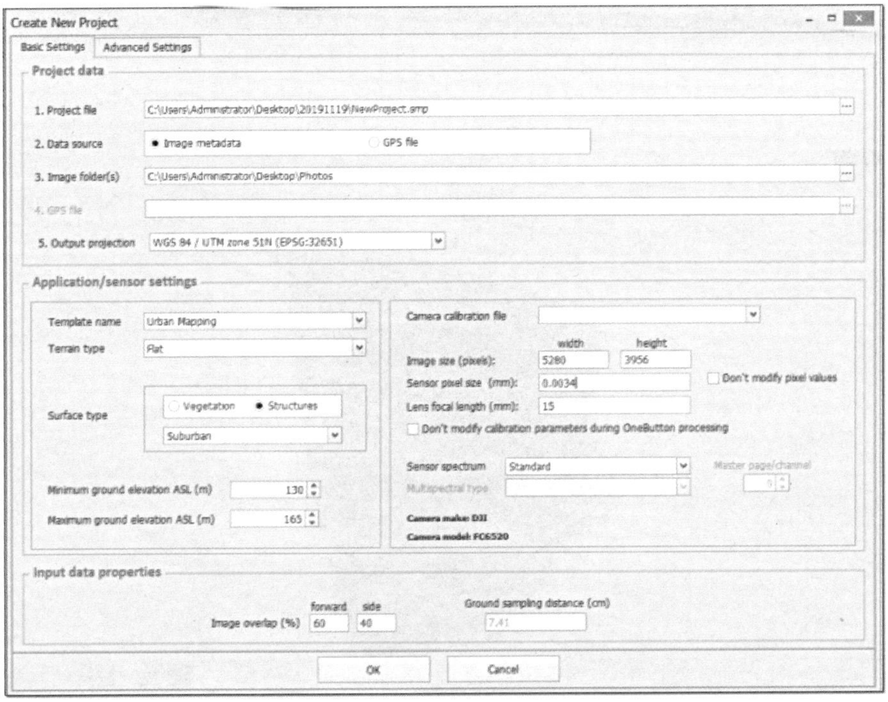

图5-35　Create New Project 面板

2）检查图像覆盖情况

如下图为主界的【Process】面板，可以看到无人机飞行轨迹和图像所在的大致位置。如果计算机连接了网络，在视窗的右上角可以选择加载底图的类型（图5-36）。

切换到【Coverage】选项。如图5-37所示，不同颜色标示了覆盖图像的数量，如果出现以下情况得不到很好的结果：

①工程的中间位置没有任何颜色，即是白色。

②工程的中间位置是红色或者黄色。

图5-36 加载图像的主界面

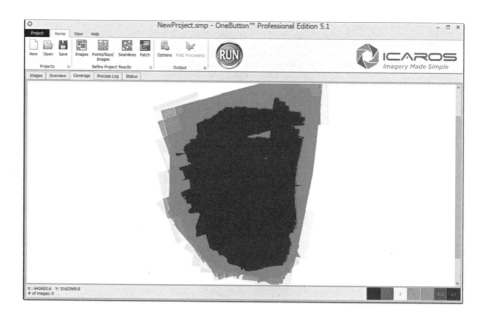

图5-37 主界面中的 Coverage 选项

以上两种情况会影响空间三角形计算的精度，在状态栏中部会出现这样的提示【There are some areas not covered by enough number of images. This may cause high errors in processing. Please check your data!】这种情况可能需要重新拍摄。

3）选择输出产品类型

单击主界面上的【Options】按钮，打开产品输出面板，【ENVI OneButton】可选择6种产品格式输出，如图5-38所示：

【GeoTiff Image Map】：GeoTiff 格式的高精度、具备标准地理参考、无缝镶嵌的正射图像。也可以选择"真正射"无缝镶嵌的正射影像输出，这种产品在城市区域和测绘工程上拥有更高的精度。

【Rapid Image Map】：GeoTiff 格式的快速镶嵌图像；【Dense GeoTiff Terrain】：GeoTiff 格式的精细 DSM 产品。

【3D Sparse Point Cloud】：LAS 和 XYZ 文件格式的稀疏 3D 点云产品，点云平均密度为 0.1 pts/m。

【3D Dense Point Cloud】：LAS 和 XYZ 文件格式的密集3D点云产品。

【ESRI Mosaic Dataset】：产品输出到【Esri Mosaic Dataset】中，并可以在 ArcGIS for Server 中发布。

至少选择一种产品输出，如果选择输出【Esri Mosaic Dataset】，则至少选择其他一种或者多种产品输出。

图5-38　ENVI OneButton Processing Output

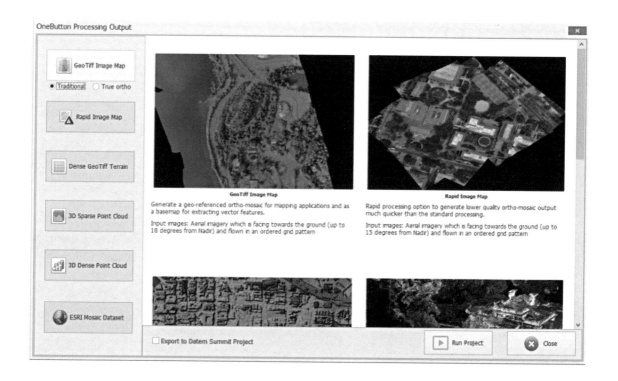

① 本练习只选择第一种产品输出：【GeoTiff Image Map（Traditional）】。

② 面板下方有两个按钮：【Run Project】：执行处理，【Close】：关闭输出面板。

4）运行处理

① 在【OneButton Processing Output】界面，选择输出产品，本练习选择第一种产品。

输出：【GeoTiff Image Map（Traditional）】，单击【Run Process】按钮执行处理。

② 在主界面中，单击【Process Log】选项，可以看到即时更新的处理日志信息。

注：在处理过程中可以随时在工具栏上单击【Stop】终止处理。

③ 处理完成后，会生成一个报表，报表中记录了图像信息、空间三角形计算精度、产品信息、处理时间等。报表中的详细内容可参考后面的附录。

④ 在工具栏中，单击【View】菜单栏中的可以打开存放数据结果的快捷方式（图5-39）。

图5-39 结果快捷方式

快捷方式指向DTM和DOM的结果存储路径，如图5-40、图5-41所示。

图5-40 DTM 结果

图5-41 无缝镶嵌的正射影像结果

⑤ 在【OneButton Viewer】中打开无缝镶嵌结果进行查看浏览（图5-42）。

图5-42 OneButton Viewer中浏览处理结果

3．目视解译

1）新建要素类

① 启动ArcGIS。

② 单击 ⊕ 按钮将合并好的无人机图像（.tif）文件添加到数据视图当中（图5-43）。

图5-43 添加无人机航拍图

③ 通过观察可知场地中包括道路、场地、水体、林地、草地以及建筑物等不同土地覆盖类型，需要建立不同的要素类，并逐一进行描绘。单击 打开【ArcCatalog】，在目标文件夹上单击鼠标【右键】新建个人地理数据库。

④ 在新建的个人地理库上单击【右键】新建要素数据集，为新建要素集命名，单击【下一步】，定义投影坐标系，投影坐标选择与无人机拍摄图像相同的坐标系，单击【下一步】。保持其他默认设置并新建要素数据集（图5-44）。

⑤ 在【ArcCatalog】中新建的要素数据集上单击鼠标【右键】新建为新建要素类命名，并选择要素种类（注：这里以面要素为例）。单击【下一步】。并为要素类添加字段，在这里添加【CLASS】字段来标记不同要素类型。以相同的方式创建不同要素（图5-45）。

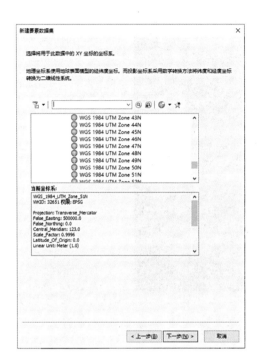

图5-44 选择投影坐标系

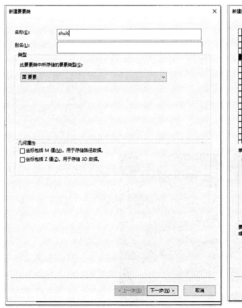

图5-45 新建要素类

2）编辑要素类

① 完成后新建的要素类加入到图层当中，单击【编辑器】→开始编辑。

② 在【创建要素】窗口中选择要进行编辑的要素名称（图5-46），【构造工具】中选择进行描绘的类型。

③ 在数据视图中进行描绘，规则图形可以通过矩形、圆形工具进行绘制，一般采用面工具通过选择折点的方式来描绘图形（图5-47）。

④ 将多种要素逐个进行描绘后，根据制图标准调整各图层样式（图5-48）。详见2010年发布的《总图制图标准》GB/T 50103—2010。

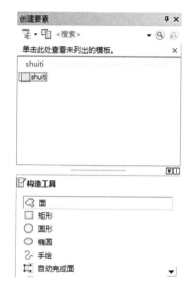

图5-46 创建要素

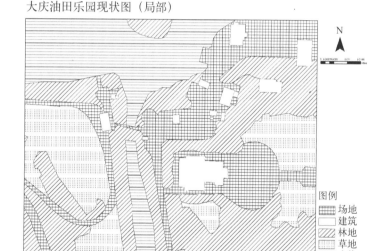

图5-48 目视解析结果

图5-47 绘制要素

复习思考题

（1）无人机遥感数据合成的正投影影像坐标系为WGS84坐标系，如何转换为CGCS2000坐标系？

（2）不同软件合成的正投影影像之间有什么不同？

5.3 实验三：场地淹没分析

1．CAD数据的导出与处理

本实验使用DWG格式的地形图（航测图），进行场地淹没分析。AutoCAD版本不限，ArcGIS版本为10.0及以上版本。

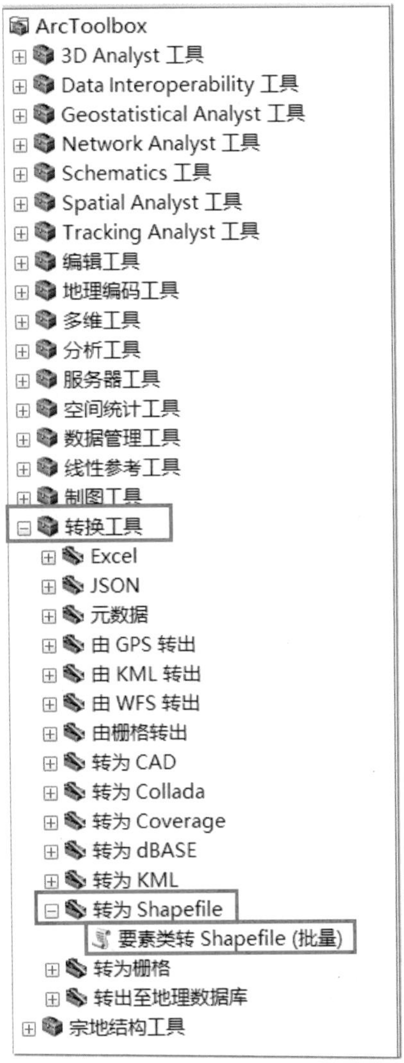

```
ArcToolbox
  3D Analyst 工具
  Data Interoperability 工具
  Geostatistical Analyst 工具
  Network Analyst 工具
  Schematics 工具
  Spatial Analyst 工具
  Tracking Analyst 工具
  编辑工具
  地理编码工具
  多维工具
  分析工具
  服务器工具
  空间统计工具
  数据管理工具
  线性参考工具
  制图工具
  转换工具
    Excel
    JSON
    元数据
    由 GPS 转出
    由 KML 转出
    由 WFS 转出
    由栅格转出
    转为 CAD
    转为 Collada
    转为 Coverage
    转为 dBASE
    转为 KML
    转为 Shapefile
      要素类转 Shapefile (批量)
    转为栅格
    转出至地理数据库
  宗地结构工具
```

图5-49 ArcToolbox目录

1）**将CAD（.dwg）文件转为Shapefile文件**

①在CAD（.dwg）中进行初步的处理，仅保留试验需要的线和点。

②将处理后文件另存为新的CAD（.dwg）文件。

③在ArcGIS中将储存的CAD（.dwg）文件转换为Shapefile文件，在【ArcToolbox】目录中选择【转换工具】→【转为Shapefile】→【要素类转Shapefile（批量）】（图5-49）。

④在【要素类转Shapefile（批量）】对话框的【输入要素】中选择储存过的CAD（.dwg）文件。双击处理好的CAD（.dwg）文件，在输入要素窗口中选择Point要素，单击【确定】（图5-50）。

⑤在【要素类转Shapefile（批量）】对话框中的【输出文件夹】选择Shapefile文件即将储存的位置，单击【确定】导出Shapefile文件（图5-51）。

⑥以同样的方法将线要素（Polyline）转为Shapefile文件。

图5-50　选择输入要素

图5-51　选择输出文件夹

⑦ 将点要素添加到ArcGIS中，单击 ✛ 按钮，在文件目录中选择转为Shapefile（.shp）文件的点要素和线要素，单击【添加】将该要素添加到图层当中，显示在数据示图当中（图5-52）。

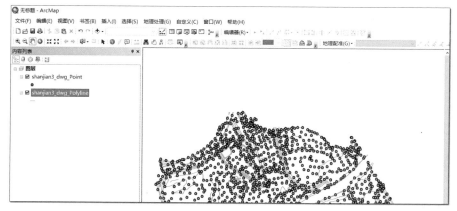

图5-52　点、线要素在ArcGIS中的显示

2）空值处理（可选）

DWG格式地形图有若干高程值标注为"0"，空值处理即将高程值为"0"的记录清除。

①在【编辑器】工具条中，单击【编辑器】右侧箭头，在下拉菜单中，选择【开始编辑】。

②选择要进行编辑的点、线图层，单击【确定】。

③内容列表中，在正在进行编辑的图层上单击【右键】→打开【属性表】。

④在表窗口菜单栏中单击 ▤（按属性选择）按钮，在对话框中选择【Elevation】字段，单击【获取唯一值】，并在下部对话框中输入【"Elevation"=0】表达式，单击【验证】对表达式进行验证，经验证正确后单击【应用】，选中高程为0的字段。

⑤在【绘制】窗口中，单击鼠标【右键】→【删除】或者按【Delete键】删除所选斑块。

⑥在【编辑器】工具条中，单击【编辑器】右侧箭头，在下拉菜单中，单击【停止编辑】，并保存编辑内容。

2．场地淹没分析

1）地形转栅格

①在【ArcToolbox】目录中选择【3D Analyst工具】→【栅格插值】→【地形转栅格】。

②在【地形转栅格】对话框中，输入点要素与线要素。其中点要素要进行转换的字段为【Elevation】，要素类型为【PointElevation】，线要素的类型为【Steam】（图5-53）。

③选择输出表面栅格位置后，单击【确定】输出栅格文件（图5-54）。

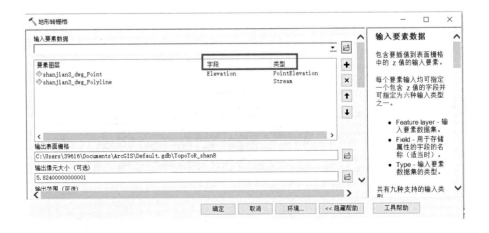

图5-53　地形转栅格

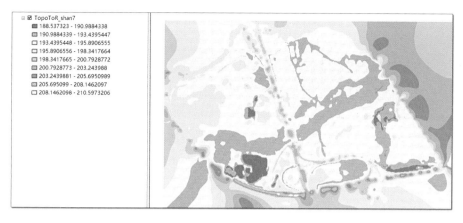

图5-54　表面栅格图像

2）场地淹没分析

①在【ArcToolbox】目录中选择【Spatial Analyst】→【地图代数】→【栅格计算器】。

②通过栅格计算器计算淹没位置。例如淹没至195m的位置，则在对话框中输入表达式【"图层名称" < = 195】（图5-55）。

③选择输出栅格位置后，单击【确定】输出栅格数据。得到的数据有0和1两个值。其中0表示未被淹没的部分，1表示被淹没的部分（图5-56）。

图5-55　栅格计算器计算淹没位置

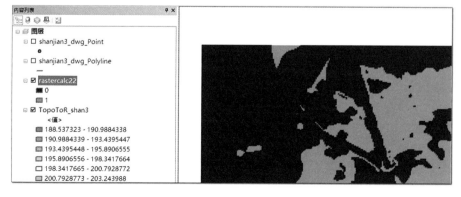

图5-56　二值栅格图像

④ 通过栅格自相除的方式去除二值栅格图像中，值为0的部分。表达式为【图层名称/图层名称】（图5-57）。

⑤ 选择输出位置，输出被淹没部分（图5-58）。

⑥ 淹没部分栅格与高程栅格相乘可以得到淹没地区的dem数据。通过栅格计算器进行运算，表达式为【图层名称*图层名称】（图5-59）。在栅格计算器中选择栅格输出位置，单击【确定】输出淹没地区的dem数据。

⑦ 在内容列表，淹没地区dem栅格图层上单击鼠标【右键】→【属性】，对其高程分类进行设置，调整其显示效果。

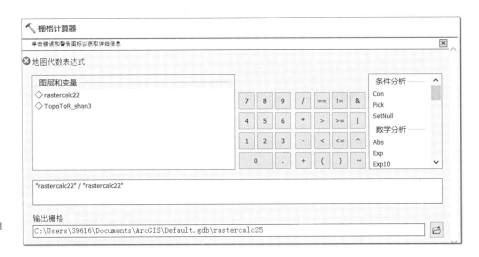

图5-57 栅格计算器自除表达式

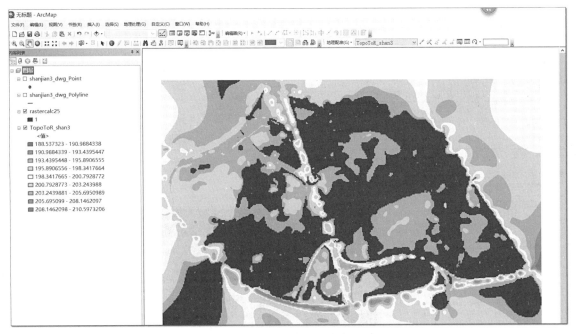

图5-58 淹没部分图像

图5-59 淹没部分栅格
与高程栅格相乘

⑧ 在图层属性对话框中选择【符号系统】→【已分类】→【分类】（图
5-60）。

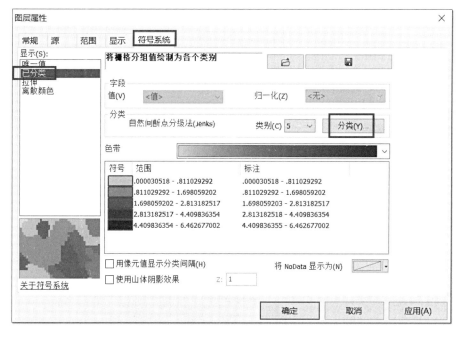

图5-60 图层属性对
话框

⑨ 在【分类】对话框中，选择分类方法【手动】，并手动设置类别与中断
值（图5-61），设置完毕后单击【确定】按钮。

⑩ 分类设置结果可在【图层属性】窗口中查看（图5-62），确认无误后单
击【确定】，应用分类结果。分类显示结果，如图5-63所示。

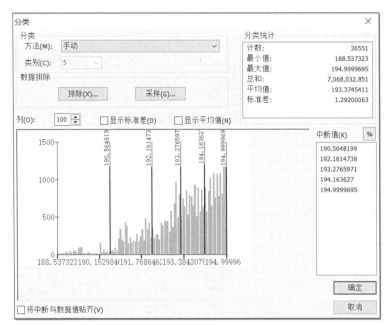

图5-61　分类对话框

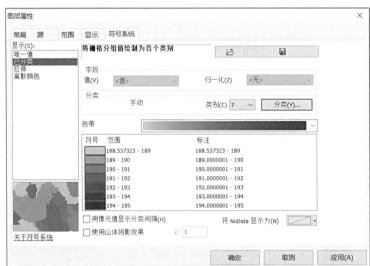

图5-62　分类详细结果

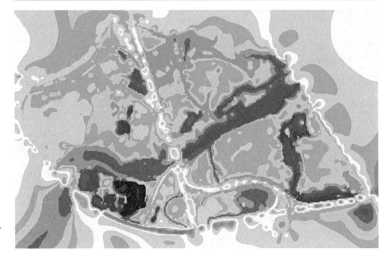

图5-63　淹没区域dem分
类结果

3）制作淹没分析图

① 单击 ▣ 从数据视图切换到布局视图。

② 在主菜单栏中选择插入，添加图名、图例、比例尺与指北针等内容（图5-64）。

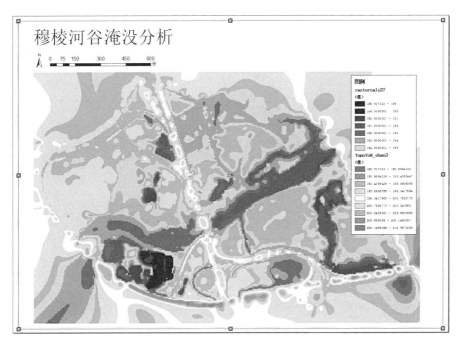

图5-64　淹没分析图

复习思考题

（1）如何使用ArcGIS中Toolbox中的工具将DWG文件直接转换为shp文件？

（2）如何使用ArcScene进行淹没分析？

参考文献

[1] 朱文泉，林文鹏. 遥感数字图像处理——实践与操作[M]. 北京：高等教育出版社，2016.

[2] 邓书斌，陈秋锦，社会建. ENVI遥感图像处理方法（第二版）[M]. 北京：高等教育出版社，2000.

[3] 万刚，余旭初，布树辉，等. 无人机测绘技术及应用[M]. 北京：测绘出版社，2015.

[4] 郭学林. 无人机测量技术[M]. 郑州：黄河水利出版社，2018.

[5] 丁华，李如仁，徐启程．数字摄影测量及无人机数据处理技术[M]．北京：中国建材工业出版社，2018．

[6] （美）Kang-tsung．地理信息系统导论（原著第九版）[M]．陈健飞，等，译．北京：科学出版社，2019．

[7] （美）Maribeth Price. ArcGIS地理信息系统教程（原著第七版）[M]．李玉龙，等，译．北京：电子工业出版社，2017．

下篇 设计课程应用

第6章 生态公园规划与设计

课程概述
以设计课程为导向的生态实验
生态实验结果的分析与应用
场地生态设计应用的典型案例

章节导读

本章节主要讲述以设计为导向的生态实验及其应用。在生态公园规划与设计课程中，土壤结构实验和植物抗性实验为生态设计决策提供数据量化依据。在典型案例和场地评估体系中，生态指标是场地更新和评估的要素。

要点

①以设计为导向的生态实验类型
②场地生态设计应用的典型案例
③可持续场地评估体系SITES

6.1 课程概述

生态公园规划与设计是风景园林专业培养体系中自然生态主脉的核心课程。按照现实工作流程要求，由规划、设计两个核心环节构成，培养学生建立上位规划指导约束下位设计、小尺度设计遵循、完善深化大尺度规划的工作思维。建立具有全局观念的思维方式，从基础的科学分析到概念生成，做到每个细节设计都以上位规划为依据；熟悉先规划后设计的实际工作程序，既保证整体性、连续性，又能深入细部节点设计。

上位规划环节，要求运用景观生态学原理、景观规划设计原理、场地设计、景观工程技术等课程所学知识，以自然生态系统为对象，综合解决生态安全格局、生物多样性保护、雨洪管理、水体净化、棕地修复等诸多问题，学会建立生态规划六步模型的能力，提出指导设计环节的规划导则，熟悉规划类工作成果表达要求。

下位设计环节，培养学生完善和深化上位规划的设计思维和设计能力。要求学生根据上位规划的生态格局和生态问题，明确中观和微观尺度的设计内容和设计重点，对原场地中的局部地块进行节点设计。在生态措施、生态装置和生态艺术三个维度上，对空间形态、景观材料、景观设施和构造做法等内容进行系统性设计。使学生深入认知生态过程，了解生态措施的选择与布局方法，熟悉生态修复技术和生态工程技术，表达生态艺术思想。能够绘制完整的小尺度节点设计方案，进行细部构造设计，并进行生态营建的探索。

1．课程目标

1）掌握相关生态设计原理及方法

通过对生态基础设施视角下的城市生态斑块或廊道的生态公园规划设计，使学生掌握景观生态原理与方法、环境生态原理与方法、景观规划设计原理与方法、遥感及空间分析技术应用等方面的风景园林知识，了解自然生态系统的内在过程、机制与规律，了解生境保护与创建、环境恢复、雨洪管理、防灾避灾等生态基础设施理念；正确认识在宏观、中观和微观等不同尺度下生态景观的设计内容和设计重点，掌握科学有效的生态设计途径和方法。

2）学习场地生态空间感知和建构的设计方法

通过场地特征描述、场地体验认知、生态数据采集等途径，进行场地生态分析，提出生态修复或建构的设计策略。

了解多学科合作的系统性设计模式，理解土壤、水体、植被、生物、能源等生态技术选择和应用的标准和条件，掌握场地尺度下的生境空间系统、雨洪管理措施，以及屋顶花园、垂直绿化、雨水花园等生态景观构建方法与技术。

3）理解生态设计的三个重要维度——生态措施、生态装置和生态艺术

通过"生境营造"途径，建构生态装置、了解生态材料、生态构造和工程造价等内容，培养对生态景观形态、空间和设施的深入设计能力。

2．教学内容及要求

1）设计开题

主要内容为讲述生态公园规划与设计原理、设计题目分析、设计场地选址依据、学生分组安排、资料数据采集方法等。课程要求学生掌握生态公园的目标、功能、类型、系统、元素；规划与设计方法，进行相关资料（上位规划、国家政策、发展趋势、研究热点等）研读、国内外案例分析；发现识别场地生态问题。学习组建团队。

2）调查研究与场地建模

①掌握场地生态数据（气候、地貌、植被、动物、土壤、水文、格局等）的方法；掌握案例研究的方法。

②掌握建立场地的GIS表述模型方法，完成实验报告与案例分析。

3) 生态问题分析与诊断

对生态过程和生态问题进行分析。

①掌握以GIS模型为基础进行生态问题分析、评估（如雨洪、迁徙、污染等）的方法。

②掌握用六步模型进行生态过程模型与生态问题的发生、影响机制分析与评估，掌握生态图谱分析与绘制的方法。

4) 场地认知与设计原理

讲解生态公园场地特征、生态装置营造和生态艺术概念等内容。

深入现场，详细了解地段的有关资料；进行生态实验，分析场地土壤、水文等生态条件；完成场地规模和边界、自然性和社会性的景观认知；整理全部调查资料，完成调研报告、绘制现状图及分析图；通过设计作品，分析生态技术措施、生态装置营造和生态艺术等内容。

5) 生态装置营造

设计生态装置营造方案，包括设计目标、概念、技术、材料、构造、造价、工艺和建造周期等内容，选择生态公园适用的生态措施及技术，并完成生态装置营造。

6) 项目策划及概念生成

提出生态公园设计的目标、设计原则、解决问题的对策、关键技术要点、项目策划书、设计成果的内容与形式；导入自然生态背景分析、社会生态要素分析、生态技术措施分析等内容，明确相应的生态技术导向，选择适宜的生态技术措施，确立生态公园设计目标，形成生态设计概念。

3. 教学方法

课堂教学：主要包括教师讲授、案例探讨与分析学习等，通过集中讲课、分组讲解、专题指导、小组辩论、组间多解比较、成果点评等多种方法，更好地实现师生之间的互动。

实验教学：使用NAVI技术，采集基础数据（无人机、卫片）；依托生态实验室，完成场地内土壤、水文等因子的现场采样与生态分析，得到的数据和结论作为生态公园设计的技术支撑。

实践教学：通过生态装置模型建造和生态花园营建，锻炼学生的动手操作能力。

6.2 以设计课程为导向的生态实验

1. 生态实验类型

土壤、水文等生态条件是场地重要的生态影响因素，生态数据的采集和分析有助于学生加深对场地的生态认知，对后续生态公园规划中明确设计目标、功能布局、技术措施、材料选择等内容有重要的帮助。

土壤的结构及性质直接影响土壤水、肥、气、热的保持和运动，并与场地植物的生长发育密切相关，对土壤结构性质的了解及分析是研究场地特征、材料组成、植物选择的重要依据。实验课程选取土壤质地（土壤颗粒组成）、土壤pH值、土壤含水量和土壤有机质等作为土壤生态实验检测内容。

1）土壤质地（土壤颗粒组成）测定

土壤质地分为砂土、壤土和黏土，不同土壤质地所具备的土壤水、热、气、养分的状况均不相同，因此为动植物、微生物等提供不同的生存空间。对土壤质地的分析是场地雨水蓄留及排放能力的评估和层次划分、植物种类选择的重要依据。

对土壤质地的了解是确定场地土壤改良和修复方案的必要条件，土壤质地通常不易改变，因此任何场地的生态规划设计应该因地制宜，而不是对场地土壤的置换和改造。

2）土壤pH值测定

土壤作为植物养分的主要来源，其酸碱度的变化会影响场地植物的发育和生长，对场地土壤pH值的测定及分析，有助于在生态设计中更好地选择植物种类和材料种类，使其适应并改善土壤酸碱度，从而使场地土壤环境趋于稳定，支持土壤微生物的活动及植物生长发育。

3）土壤含水量测定

场地植物生长发育所需要的水分主要是由土壤供给，土壤中养分的转化和释放也必须在有水的情况下才能进行。因此土壤中含水量的多少直接影响到植物的生长发育，了解土壤中的水分状况，可以为植物栽培提供参考，保证植物生长发育良好，发挥更好的生态效益。

土壤在雨水的冲刷下会伴随着水分、养分流失和其他理化特性的变化，如场地降雨量较大，且降雨频次较多，为了防止出现水土流失现象，有必要对场地土壤进行维护。

4）土壤有机质测定

土壤有机质对形成良好的土壤结构、渗透性、持水能力、有效养分有着重要意义，还可以促进微生物的活动和新土壤的形成，其通常作为评价场地土壤肥力水平高低的一个重要指标。

土壤有机质源于土壤中形成的和外加入的所有动植物残体和不同阶段的各种分解产物和合成产物。对其含量的测定及分析，将对场地后期的生态管理及维护有着重要的参考价值。

2．生态实验操作流程

这一部分要求学生了解并掌握基本的生态实验原理，在实验室内正确完成生态实验操作。

1）生态实验原理讲解及实验操作演示

实验操作前，需熟知实验室的操作规范及基本注意事项，必要时需要老师或相关专业人员进行讲解（图6-1）。

重点包括以下内容：

（1）穿戴实验服、佩戴实验手套。实验室部分试剂有腐蚀性，如强酸强碱性试剂等，应避免直接接触发生危险。

（2）实验室试剂的制备与保存。实验室有些试剂的保存需要一定条件，如低温、密封、避光等，这一部分需要参照具体的实验操作步骤，要留心注意。

（3）实验室玻璃制品易碎，应注意轻拿轻放。

（4）为了生态实验在干净的环境下进行，实验室应保持卫生整洁。

（5）实验室工作区内绝对禁止吸烟，杜绝易燃液体的潜在火种和传染细菌和接触毒物的途径。

图6-1　实验室常用仪器使用方法介绍

2）实验过程步骤

这一部分须为学生讲述生态实验的基本原理，示范及指导学生完成生态实验操作。

在土壤生态实验操作中，首先要完成土壤样品的采集及制备（图6-2、图6-3）。要选取场地代表性的地点和土壤进行采样，样品的采集、制备和保存必须严格认真地进行，以保证数据分析工作的准确性。详细的操作步骤及注意事项可参照第3章土壤结构实验3.1节中"1）方法选择"部分内容。

图6-2 土壤样品的采集

图6-3 土壤样品的制备

完成对土壤的采集、制备及保存后，需要进行具体的土壤性质检测。这一部分涉及实验化学试剂的制备（图6-4）、溶液的静置（图6-5），以及实验室部分仪器的使用等（图6-6、图6-7）。土壤不同性质的检测需要的操作步骤及实验仪器各有不同，详细的可参照第3章中3.1中"2）采样前的准备"至3.1中"7）注意事项"的土壤性质测定部分内容。

图6-4 土壤实验中化学试剂的制备

图6-5 土壤实验溶液的静置

图6-6 分光光度计的使用方法

图6-7 pH计使用方法

6.3 生态实验结果的分析与应用

生态实验的目的是获取场地生态数据，通过对生态数据的解读和分析，发现场地内的典型生态问题及特征。在了解多学科合作的系统性设计模式的基础上，理解土壤、水体、植被、生物、能源等生态技术选择和应用的标准和条件，掌握场地尺度下的生态景观构建方法与技术，提出生态修复或建构的设计策略。

1. 生态实验在设计课程中的应用

在设计课程中，生态实验以真实认知设计场地为目标，鼓励学生探索循证设计方法，实验结果可作为学生对场地量化认知和分析的基础，提升生态规划和设计的准确性和真实性；独立的生态实验课程以分析和验证设计决策为目标，鼓励不同专业背景的学生进行跨学科的合作研究。

以学生作业《雪敏花园》的设计过程为例，学生以解决生态问题为导向，提出以生态修复为核心的概念方案。学生需要对场地内不同区域（雪堆、垃圾堆）的土壤和水质进行检测，主要指标包括土壤含水率、土壤有机质、土壤pH值、水质pH值、水质氨氮含量等，以判断场地现存的生态问题，判断场地土壤及水文污染等状况。生态修复包括土壤改良、水文净化等过程（图6-8、图6-9）。方案结合地形的塑造、植被的恢复，针对场地的不同功能，设计了林地、草地、湿地、浅滩、水域等多级净化形式和多种游憩体验，同时为动植物创造了多种生境。

2. 生态实验在其他设计课中的应用

设计课中实验课时的教学目的在于为场地调研及设计提供理论依据，以场地认知和评价为主；独立的实验课的教学目的是对特定类型空间的生态问题进行研究，以实验设计、实验操作和数据分析为主（表6-1）。设计课程中的实验课包括土壤实验及地表径流实验，通过对场地内土壤及地表径流的理化分析，即可得到场地调研所需的数据。独立开设的实验课针对特定专题（雨水花园）进行研究，实验内容以土壤胁迫实验为主，包括淹水胁迫、盐胁迫和重金属胁迫等，通过观察雨水花园的植物生长变化，分析其土壤理化性质。

可在本科的庭院设计、植物景观设计、生态公园规划和生态公园设计等课程中，设置8~12课时的生态实验教学（表6-2）。

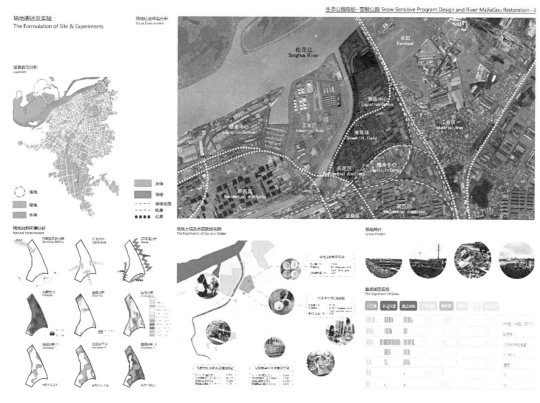

图6-8 学生作业《雪敏花园》(图片作者: 杨孝澜、詹莹、周伊)

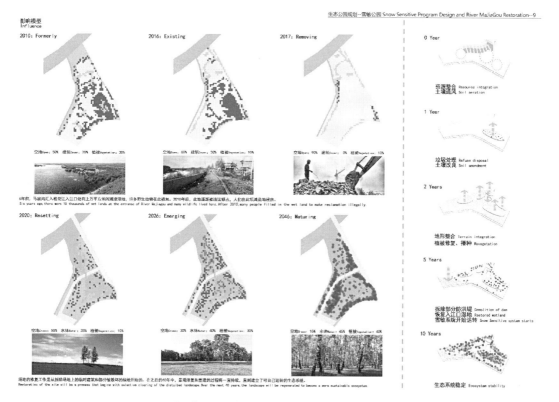

图6-9 学生作业《雪敏花园》(图片作者: 杨孝澜、詹莹、周伊)

不同层面的生态实验　　　　　　　　　　　　表 6-1

教学内容	设计课程中的实验课	独立开设的实验课
实验目标	场地认知、评价和设计优化	特定的设计问题研究
课时安排	8～12课时	24课时
实验类型	基础性实验、综合性实验	设计性实验
教学方式	场地实验、实验室操作	实验室操作
实验内容	土壤实验、地表径流实验	土壤实验、植物实验
成果应用	为场地设计提供理论依据	为创新设计提供支持

设计课中的生态实验　　　　　　　　　　　　表 6-2

课程名称	庭院设计	植物景观设计	生态公园规划	生态公园设计
设计目标	较小尺度的空间设计	植物配置和空间设计	生态规划的六步模型	场地尺度的生境空间
实验目标	场地认知	场地认知、评价和设计优化、为设计提供理论依据		
课时安排	8课时	12课时	12课时	12课时
学期安排	第四学期	第五学期	第六学期	第六学期
实验类型	基础性实验、综合性实验			
教学方式	实验室操作、场地实验			
内容要点	土壤实验、水质实验等			

6.4　场地生态设计应用的典型案例

1. 场地氮素污染的生态处理[1]

　　氮可以以多种形式存在，从大气中的氮气（N_2、N_2O和NO_X）到可在土壤和水中发现的各种化学价的氮离子（NH_4^+，NO_2^-和NO_3^-），再到可被固着在土壤和植物体中的固体有机物形式。在氮循环中，氮很容易在这些不同形式之间传递，细菌和植物在这些转变中扮演着重要角色。当氮的离子化形态渗入地表水或地下水时，环境中过量的氮通常会成为个难题，而当氮以气体形式存在、固着在土壤中或与有机体结合形成有机氮素时，则不会产生前述问题。在植物根系和土壤中的反硝化细菌可以将这些污染物形式的氮变回氮气，将其造成的污染从土壤和水中去除。由于大气中的氮气几乎占去地球大气总量的80%，所以将多余的氮排放到大气中被认为是最好的修复方法。

　　种植系统可以加快土壤中反硝化细菌将氮转化为气体的过程。通过为反硝化细菌提供其繁衍所必需的糖、氧气和根系分泌物（渗出液），植物可以创造一个土壤区域，氮能够在其中迅速转化和返回大气。此外，植物还可以利用氮的污染物形式供自己生长所需，将氮转化为植物生物量和其他形式的有机氮素，从而将其从水中的流动状态下去除，避免对人类健康和环境造成风险。

　　将氮从土壤、地下水和废水中清除，是植物修复技术的最佳应用方式之一，几十年来田野尺度的实践项目均取得了巨大成功。三个最典型的氮污染修复方案分别为整治受污染的地下水、废水或地表水。对于地下水修复而言，高蒸散率的植物被当作"太阳能泵"来抽水，与此同时，相关细菌将氮转化成气体，或植物本身将氮变成有机氮素的形式。对于污水处理而言，污水通常被灌溉到植物上，其中的氮要么被植物本身吸收，要么被植物根部的细菌转化成气体。人工湿地也可以用于处理污水。最后，对于地表水修复而言，可以应用人工湿地去除氮，雨洪过滤器也可以解决氮源中过多的氮素。

　　案例研究：氮素污染

　　项目名称：伍德本废水处理设施处的白杨树农场（Smltz和CHZMHill，2011；Smesrud，2012；Woodhum，2013），见图6-10、图6-11。

　　位置：伍德本市，俄勒冈州。

　　项目顾问/科学家：Mark Madison、Jason Smesurd、Jim Jordahl、Henriette Emond和Quitterie Cotten；西图公司（CHZMHill），波特兰，俄勒冈州；俄勒冈州立大学生物与生态工程学院；Ecolotree；绿色木材资源集团；水文工程集团。

　　竣工时间：1995～1997年，开发了2.8hm²的杨树人工林试点项目，以完善大规模苗木生产的设计标准，包括杨树灌溉需水量的研究；1999年，全面种植了34hm²的杨树人工林，以达到布丁河水体夏季时间氮（氨）负荷极限的污水处理厂标准；2008～2009年，实施了新增试点项目，以测试高效率灌溉、矮林作业管理和利用人工湿地进行定温处理。

　　植物种类：以2m×4m（6.5英尺×13英尺）间距种植的杂交树种（*Populus*）。

　　改良：使用先进的经二次处理的废水进行树木雾微喷灌，以及B类生物固体（从处理过的废水中取得的固体或半固体材料，常用作肥料）在生长季节中的表面应用。

　　污染物：富营养化、含高浓度氮（氨）、温度较高的污水对临近河流具有毒性。

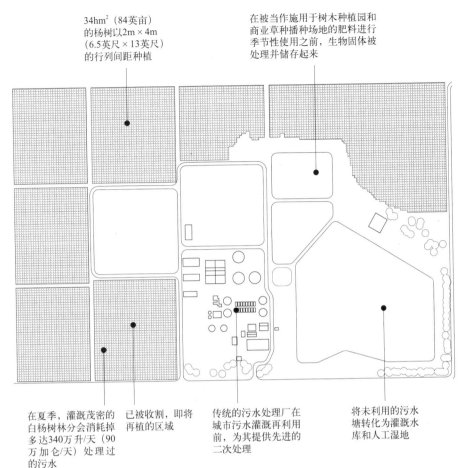

34hm²（84英亩）
的杨树以2m×4m
（6.5英尺×13英尺）
的行列间距种植

在被当作施用于树木种植园和
商业草种播种场地的肥料进行
季节性使用之前，生物固体被
处理并储存起来

图6-10 案例研究：白
杨树农场，伍德废水处
理设施，伍德本市，俄
勒冈州（平面）

在夏季，灌溉茂密的
白杨树林分会消耗掉
多达340万升/天（90
万加仑/天）处理过
的污水

已被收割，即将
再植的区域

传统的污水处理厂在
城市污水灌溉再利用
前，为其提供先进的
二次处理

将未利用的污水
塘转化为灌溉水
库和人工湿地

　　俄勒冈州杨树农场位于伍德本市，是第一个已知的在美国境内建成的植物修复种植工程，其设计为有益地复用脱氮处理后的城市污水，同时创造一种商品木材的产出。布丁河流域严格的氮（以氨的形式存在）排放限制鼓励设计师"从盒子外面思考问题"开发一个全新的自然处理系统以净化这座城市约2.3万名居民产生的污水。

　　常规污水处理厂为城市污水提供了先进的二次处理。部分处理后的污水用于灌溉厂区周围土地上的杨树农场，以帮助减少在夏季枯水期排放到附近布丁河中的氨氮量。该有益的复用养分（营养素）和水的方式促进了树木生长，也为城市创造了一个商品木材产出途径，白杨木材每7～12年可以采伐一次。采伐后的杨树被加工成实木产品和用于造纸或纸板的木屑，其创造了收入来源，有助于抵消一些都市管理的成本。

　　在1995年，种植了2.8hm²杨树作为一个试点项目，以完善发展该系统所需的设计标准。其中包括了杨树灌溉需水量的研究。试点项目取得了成功，并于1997年建立了一套依靠运输和监测设施驱动的、包括灌溉和生物固体的全面系

夏季在树木基部利用富营养化的污水进行雾微喷灌，为杨树灌溉和施肥。

11岁杨树的树冠创造了高达75英尺（22.86m）的壮观户外空间，（林下）形成了戏剧性、教堂般的视觉与空间效果。该照片中的树木已经满足采伐条件，将被制成造纸/纸板的木片，或将整个树干削成实木产品。

前景所示的污水蓄水池将转化为用于临时储存的灌溉调节池，以及用于污水冷却的人工湿地。杨树树架，如照片背景所示，与周边村庄的农业景观很好地融合在一起。

移动式树木采伐和处理工作正在伍德本杨树农场进行，杨树木屑将被用于制造纸板。

图6-11　案例研究：白杨树农场，伍德本废水处理设施，伍德本市，俄勒冈州（实景照片）

统，同时种植了额外的31hm²的树木。每年速生杨树的高度增加约2.4m。经过4年生长，它们便会达到水和氮的最大吸收率，每隔7～12年可作为农业产出采伐一次。处理后的废水和污泥（生物固体）施氮量保持在标准农业水平下，这确保了污水不会渗入深层地下水。和其他现有可供采用的污水处理技术相比，该杨树系统已被证明在减少地表水的营养（素）负荷/养分载荷方面是符合成本效益的。该系统还具有比其他传统处理方式更低的能源需求，并获得了公众广泛的支持和认可。

在未来，新推行的温度限值预计会减轻潜在废水排放对当地冷水渔业（鲑鱼、鳟鱼和虹鳟）的影响。现有的杨树灌溉系统有助于减少夏季排入地表水的热负荷量。然而，在河流排污之前用于被动排水冷却的附加人工湿地也在计划之中，以处理未被树木种植区净化的部分污水。

该项目的要点包括：

（1）84英亩的杨树以7~12年为采伐周期轮作管理，以有益地复用处理后的城市污水中的氮素，同时创造一个商业木材产出途径。

（2）在生长季节，多达340万升/天（90万加仑/天）的污水通过雾微喷灌技术用来灌溉树木。

（3）多达269千克/（公顷·年）的氮以污水灌溉和生物固体的形式施用于成熟的杨树。

2. 场地磷污染的生态处理[1]

与氮不同，磷不能从陆地系统中去除并转化为气体。作为无机矿物，它通常以磷酸盐的形式存在于环境中，即磷的氧化形式。磷污染通常发生于地表水中，当土壤中以小颗粒形式存在的磷被风或水流带走并被冲刷入水体时就会形成污染。这经常发生在雨洪过程中，道路或农业用地的地表径流进入淡水水体，造成藻类数量的爆炸式增长，导致氧气枯竭，严重影响了水生生态系统。

最好的修复磷污染方法是将其截留和稳定在场地内。由于植物需要磷作为一种必不可少的营养素，它们可以从土壤中提取一些磷并代谢形成植物的生物量。研究显示，应用植物技术处理被磷污染的土壤，能够每年为每英亩地有效提取平均多达30磅（13.6千克）的磷（Muir，2004）。在温带气候条件下，如果任由叶片掉落下来并腐烂，磷就会回到土壤中，因此植物必须经常收割并运出场地以清除磷。一般来说，磷污染植物修复技术并未广泛应用，因为30磅/英亩（约34千克/公顷）的清除率一般都没有高到足以使植物提取和收割成为一个有用的修复途径。只有种植了高生物量植物品种的情况下，才可以考虑（应用植物）从土壤中提取磷。

相反，大多数处理磷污染的植物修复系统，均以从水中滤除磷并将其稳定在周围的土壤中为目标。水中的磷污染通常有两种形式：① 沉积物形式，即磷与土壤颗粒结合，沉积在水中；② 溶解形式，即溶解在水中的可溶性磷。当受污染的水流经植物修复系统时，沉积物形式的磷可以被沉积塘和前池通过沉淀作用物理清除。之后必须将沉淀物挖出并从现场运走。当溶解形式的磷接触土壤并被其吸收时，就可以从水中清除。磷与土壤结合并固着在场地中，流出的便是清洁的水。当土壤中种植了植物后，它们可以帮助建立沉积物形式和溶解形式的磷颗粒均能够固着的有机结合位点。土壤接触是通过土壤、有机物和沉淀吸附作用固定磷污染最重要的机制，这个过程会形成磷酸盐化合物（例如与钙、铁和/或铝化合）。对于每1 000立方英尺（约28立方米）的土壤，约40磅（18千克）的磷可以被固定，显然超过植物吸收的量（Sand Creek，2013）。因此，为清理磷污染建立的雨洪过滤器和人工湿地通常有精心设计的沉淀区和可渗透工程岩土介质，为磷污染清除提供最大数量的结合位点和沉淀化合物，而不是通过植物自身提取。这些土壤可能会在某一时刻达到磷的"承载极限"。然而，添加到系统中的植物有助于持续更新土壤，创造新的结合位点，使土壤始终具有稳定的磷承载能力。

种植细节：

下列种植类型可以考虑使用。

1）在土壤中

（1）提取：以30磅/（英亩·年）[约34千克/（公顷·年)]的最高速率。

（2）萃取区：第4章（见本章参考文献《植物生态修复技术》，第208页）。

（3）稳定：防止土壤中磷的风蚀和水蚀。

（4）种植稳定垫：第4章（见本章参考文献《植物生态修复技术》，第191页）。

2）在水中

（1）控制被污染的地下水。

① 地下水运转林分　第4章（见本章参考文献《植物生态修复技术》，第200页）。

② 植物灌溉作用　第4章（见本章参考文献《植物生态修复技术》，第196页）。

（2）从地表水和地下水中去除：主要是通过物理截留沉积物和将磷与种植介质结合两种方式。

① 雨洪过滤器　第4章（见本章参考文献《植物生态修复技术》，第217页）。

② 多机制缓冲区　第4章（见本章参考文献《植物生态修复技术》，第216页）。

③ 表面流人工湿地　第4章（见本章参考文献《植物生态修复技术》，第219页）。

④ 地下砾石湿地　第4章（见本章参考文献《植物生态修复技术》，第221页）。

因为所有植物均利用磷作为常量营养素，所以任意植物品种均可进行一定程度的土壤和水体中磷的提取。然而，这通常不足以修复被污染的土壤和水体。提供最高效修复的系统往往是为土壤中磷的固定创造最多结合位点的系统。任何有生命的植物品种都需要磷，都可以帮助创造和维持土壤中的有机结合位点。有助于保持土壤除磷性能的最佳植物品种，往往有密集、庞大的根系，会迅速生长，直到完全覆盖所有裸露的土壤。

案例研究：磷污染

项目名称：柳叶湖水体污染防治部门（Eisner和CH2MHill，2011；Salem，2013）。

位置：塞勒姆，俄勒冈州。

项目顾问/科学家：Mark Madison、Hrnriette Emond、Dave Whitaker 和 Jason Smesrud，西图公司（CH2MHill），波特兰市，俄勒冈州；Bob Knight，绿色工程公司；Stephanie Eisner，塞勒姆市，俄勒冈州。

竣工时间：2002年，4hm² 人工清污湿地。

植物种类：最初在人工湿地内种植了10种植物，随着时间的推移，物种多样性下降至5种植物品种。香蒲（*Typha spp*）、水葱（*Scirpus Validus*）、灯芯草（*Juncus Effusus*）浮萍（*Lemna Minor*）是目前的优势种。

污染物：先进的城市污水排放二级处理包括痕量氮、磷、重金属细菌和病原体，并且和在某些情况下接纳的水相比温度升高了。

柳叶湖水体污染防治部门服务了俄勒冈州塞勒姆、凯萨和特纳3地共计229 000位居民的污水处理需求。在2002年，该部门在之前的农业用地上建造了4hm²的人工湿地，以测试自然清污系统提供的附加的进一步废水处理的潜在用途。这些人工湿地包括2个约1.6hm²的表面径流湿地、2个0.4hm²的潜流湿地和1个0.4hm²的露地排水区域（图6-12、图6-13）。

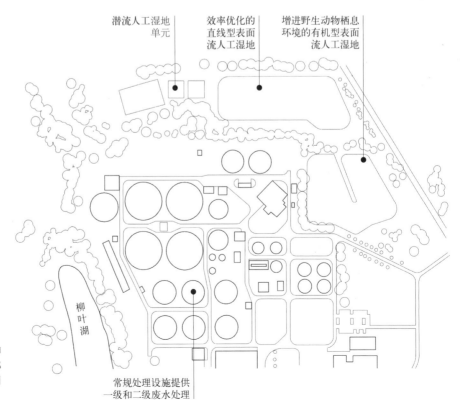

图6-12 案例研究：柳叶湖水体污染防治部门，塞勒姆，俄勒冈州（平面图）

表面径流野生生物湿地既能去除废水中的氮和磷，也能提供较深的池塘和有机边界，以使野生生物利益最大化。

混合灌木层和较高的香蒲生长在休闲步道和湿地之间，使娱乐活动与水处理表面的直接接触最小化。

休闲步道穿插与湿地区域之间，并向公众开放。

地下砾石湿地单元在垂直化处理废水。位于中心的一根管道把污水输送到表层，当污水缓慢下渗，穿过砾石层到湿地单元的底部过程中被净化。

安装的鸟舍不仅有利于野生鸟类，也在种植有本地牧草的起伏田野间提供了有吸引力的视觉焦点。地形是用从湿地中清淤得来的泥土堆成的。

草地中经由管道排出的水，其中的营养物质在该地处理试验系统中被去除。

图6-13　案例研究：柳叶湖水体污染防治部门塞勒姆，俄勒冈州（实景照片）

由于该系统建造的目的在于研究和示范，每一个表面径流湿地都为一个不同的目标而构建。其中一个通过其有机的形状和深度开放水域优化野生生物生存环境，而另一个通过其直线形状和连续较浅的深度，优化了最大水体遮阴和温度处理效率。这两个表面径流人工湿地和地下砾石湿地系统均提供了有价值的信息，它们显示了这些系统提供显著脱氮除磷和被动降温的能力。

最初种植了十种湿地植被品种，然而，今天只剩下五种占主导地位的植物。水禽对湿地植物的摄食和田鼠对陆生幼苗的破坏是原有种植管控过程中的一个挑战，而入侵物种也会带来一些问题。

该场地对公众开放并被许多当地居民很好地加以利用，进行娱乐和野生动物观赏。该修复设施亦作为一个教育工具，鼓励学生和当地居民参与到水质控制和野生动物栖息地改良的活动中来。

3. 场地镉污染的生态处理[2]

背景：镉污染和锌污染通常共存，锌污染常常比镉污染多100~200倍。几乎所有自然存在镉污染的土壤亦含有大量的锌，所以可以提取这两种元素之一的植物往往也可以提取或耐受另一种元素的高浓度（Van der Ent等，2013）。在过去的50年中，镉已被当作值得注意的环境污染物加以重视，并被列入最重要的20种毒素中（Yang等，2004）。

锌污染可以在涉及金属处理的采矿和工业用地中发现，高浓度的锌污染往往通过烟囱和汽车尾气排放、树木残骸、漆料残渣和含磷化肥的应用进入城市土壤。在食用作物生产中，锌中毒并不经常受到关注。

适用范围：在特定的土壤条件下，镉和锌都具有很高的生物利用度，可以从土壤中缓慢提取。然而，即使是受到最小影响的场地，通过植物进行的镉和锌的提取过程可能也需要几十年甚至几百年，对于陈年的土壤而言，这个过程是相当困难的。此外，高浓度的锌和镉也会抑制植物生长，使植物提取成为一个困难的过程（Van der Ent等，2013）。由于这些挑战，没有采用植物提取和收割的方法，镉和锌往往留在场地内，并稳定在土壤中。这里要种植不吸收这些元素的封隔植物，而不是具有提取能力的任一种食用作物。

然而，最近的研究已经开始考虑功能性植物如何缓慢积累镉，随着时间的推移，这可能会为去除对食物链造成危险的镉污染提供一种技术。当清除镉污染到预期的程度后，在土壤中撒石灰以防止锌的植物药害作用在现场的生产现状中复发。镉和锌的植物提取没有足够的价值进行植物冶金，所以加工生物量和收割植物后回收金属不产生经济效益。由于镉污染清除往往是整治的重点，故正在研究体量更大的、专注于生物量生产的"收集器"植物品种，如柳树、杨树和玉米。

1）案例研究：镉和锌污染

项目名称：洛默尔农业用地"Der Kempen"（Ruttens等，2011；Van Slycken等，2013；Thewys等，2010；Witters等，2012），见图6-14。

位置：佛兰德斯新地区，比利时。

相关机构/科学家：环境科学中心（CMK）、哈瑟尔特大学，Agoralaan，D栋，3590迪彭贝克，比利时，项目由Jaco Vangronsveld博士领导。该项目是由欧盟委员会支持的，与"绿岛"（GREENLAND）项目合作的17处场地之一。（FP7-KBBE-266124，GREENLAND；网址：http://www.greenland-project.eu/）

竣工时间：于2004年开始建设，相关研究仍在进行中。

种植的植物：玉米（*Zea Mays*）、油菜（*Brassica Napus*）、柳树（*Salix spp.*）和杨树（*Populus spp.*）。

污染物：镉、锌（以及铅——不能进行植物提取）

在比利时和荷兰，由于历史上的锌冶炼活动，导致面积超过700km^2（约270平方英里）的土地被重金属污染（镉、锌和铅）。在20世纪70年代，随着工业转向不同的生产过程，金属沉积显著下降，但土壤污染问题仍然严峻。雪上加霜的是该地区的土壤呈沙质和酸性，这使得金属镉和锌更容易流动。此外，当地土地利用主要为农业用途。比利时联邦食品安全机构（FAVV）查封了几处种植蔬菜作物的农业地产，因其镉含量超过了法定的人类吸收临界值。

在洛默尔现场种植的杂交杨树随着时间流逝慢慢提取镉。树木正在被测试，以观察该品种在比利时是否也会成为一个好的生物能源作物。据估计，在

图6-14 案例研究：洛默尔农业用地，佛兰德斯地区，比利时（实景照片）

这个地区种植并收割植物修复生物量作物需要经历50~100年，才能通过植物提取使得土壤中的镉达到监管限值。

在这一地区的洛默尔场地内的研究主要集中在再利用这些受污染的农田以生产生物质能源作物而非粮食作物。在过渡到生物质能源作物的过程中，对农民个人而言，尽管已被污染，农业用地仍然有利可图。此外，随着时间的推移，通过持续收割生物量，金属可以被植物从土壤中提取出来，最终修复土地。这标志着本研究的重点已不再是金属超富集植物品种的应用（因其通常不能产生足够的生物量以满足快速修复时间限制），而是高生物量植物品种的应用。洛默尔场地研究的总体目标是获得可以安全地用于粮食作物生产的整治后的土壤。

在洛默尔正在评估的能源作物主要有玉米、油菜，以及柳树和杨树品种。结果表明，通过生物吸收作用和在热电联产系统中燃烧，玉米提供了能源生产的最佳选择。然而，玉米从土壤中提取金属污染的能力远远低于柳树。在场地内，柳树和杨树品种已应用短周期矮林系统进行种植，在该系统中，每隔几年它们即被当作生物能源作物进行收割。到目前为止，研究结果表明可收割的柳树生物量远远超过受试的杨树品种，并且对于实现整治目标来说是最佳选择。研究人员已计算出：柳树收割至少需要55年时间，才能将土壤中的镉含量从5mg/kg减少到2mg/kg的安全水平。然而，如果每年秋季都采集柳树叶片，而不是任其脱落在场地内，时间可能会缩短至36年。

2）案例研究：镉污染

项目名称：巴斯夫公司（BASF）伦斯勒垃圾填埋场（Roux，2014，见图6-15）。

位置：伦斯勒，纽约州。

相关机构/科学家：Roux Associates, Inc.（工程师）；MKW Assoc.（风景园林师）；巴斯夫公司（BASF）；纽约州环境保护部（NYSDEC）。

竣工时间：2008年。

植物品种：混交林生态型种植，其中包括许多纽约本地蒸散率较高的乡土植物：灰桤木（*AInus incana*）、红枫（*Acer rubrum*）、红阿龙尼亚苦味果（*Aronia arbutifolia*）、桦树（*Betula nigra*）、板栗（*Castanea dentata*）、新泽西茶树（*Ceanothus americanus*）、滑山茱萸（*Cornus amomum*）、灰山茱萸（*Cornus racemosa*）、红柳山茱萸（*Cornus sericea*）、布什甜椒（*Clethra alnifolia*）、美国白蜡树（*Fraxinus americana*）、洋白蜡（*Fraxinus pennsylvanica*）、铅笔柏（*Juniperus virginiana*）杂交杨（*Populus spp.*）、褪色柳（*Salix discolor*）、黑柳（*Salix nigra*）、洋檫木（*Sassafras albidum*）、接骨木（*Sambucus nigra*）

土壤修复物：0.7m的土层覆盖到现存垃圾填埋场。

图6-15　案例研究：巴斯夫公司垃圾填埋覆盖，伦斯勒，纽约州

污染物：挥发性有机化合物（VOCs）（苯、氯苯、邻二氯苯、乙苯、二甲苯）重金属（砷、铬、铅）。

目标介质：土壤和地下水。

这处3.6hm²（9英亩）的前工业垃圾填埋场位于纽约州伦斯勒。一处附近的化工制造厂产生的废料被堆置在垃圾填埋场中，直到1978年，这块场地被巴斯夫公司收购之后为止。该场地被纽约州环境保护部（NYSDEC）列为第二类失效的危险废物处置场。这引发了一系列的环境调查，进而在1982年增加了土壤覆盖层，并在1987年安装了地下水收集系统。

在2008年，设计并施工了带有植被的替代性填埋场覆盖层（不再用黏土层或塑料内胆），以满足国家垃圾填埋场覆盖物的法规。覆盖层防止雨水渗入垃圾填埋场的能力必须得到验证，以防止产生被污染的渗滤液。开发了一种结合加厚土壤覆盖层的密集型种植方案，使雨水蒸发量最大化，进而最大限度地减少垃圾填埋场的污染液渗漏。此外，覆土层也设计用于植物的修复种植，对土壤中的挥发性有机化合物进行植物降解和根系降解，同时对重金属进行植物稳定。替代性的填埋场覆盖的设计中亦包括一些重要的便民设施，如环境教育中心、行步道和圆形剧场。此外，种植的目的是最大限度地提高生态价值，提供野生动物栖息地。

4．美国可持续场地评估体系SITES

SITES（Sustainable Sites Initiative，可持续性场地倡议组织）成立于
2006年，是由美国国家植物园（U.S. Botanic Garden）、美国风景园林师协会
（American Society of Landscape Architects，ASLA）和德州州立大学奥斯汀分
校的约翰逊总统夫人的野生花卉中心（Lady Bird Johnson Wildflower Center）
共同成立。其目的是系统地对风景园林场地全生命周期的可持续性进行评估。
SITES评估体系在2009年发布了V1版评估标准，经过160多个项目的试点和检
验，于2014年推出其新版V2版评估体系。

SITE V2评估体系包含18个先决条件和48个得分点，在衡量项目可持续
性方面总计有200分。此外，采用创新及优良表现策略的工程项目可以获得加
分。通过进行性能衡量而不是规定具体做法，SITES支持每个场址的独特条
件，鼓励工程项目团队灵活、创造性地设计和开发美丽、实用的再生性场址，
使之适合它们的环境和预期用途。按照典型的设计和施工阶段，SITES V2评
估体系中的先决条件和得分点分为10个部分。要达到符合认证条件的可持续
场址要求，首先要进行正确地场址选择和场址评估，接着完成场址设计和施
工，还包括进行有效且适当的运营和维护。SITES V2最后强调了教育和性能
监控，目的是增加场址可持续性的知识基础。

SITES V2评估体系依据以下等级授予认证（表6-3）：

<table>
<tr><td colspan="2" align="center">SITES V2 评估体系依据以下等级授予认证表</td><td align="right">表 6-3</td></tr>
<tr><td align="center">SITES V2认证级别</td><td colspan="2" align="center">以200分为满分</td></tr>
<tr><td align="center">认证级</td><td colspan="2" align="center">70分</td></tr>
<tr><td align="center">白银级</td><td colspan="2" align="center">85分</td></tr>
<tr><td align="center">黄金级</td><td colspan="2" align="center">100分</td></tr>
<tr><td align="center">铂金级</td><td colspan="2" align="center">135分</td></tr>
</table>

SITES V2评估内容涉以下10个部分：

第1部分：场址环境

特别注意了解工程项目的所在位置及开发位置环境。SITES要求认真进行
规划，并保护现有正常发挥功用的那些独特、关键、敏感或受保护的自然特
性，例如农田、涝原、湿地和野生生物栖息地。这些特性为野生生物、场址使
用者和周围社区提供了基本的生态系统功能，具体评估分值见表6-4。

其中在打分表中答案作答标准为：

"是"表示：达到项目信心分数；

"?"表示：项目努力获得分数，但未达到 100% 信心分数；

"否"表示：项目无法获得这些得分。

场址环境打分表　　　　　　　　　　　表 6-4

是	?	否	1.场址环境	可获分数	13
是			环境 P1.1	有限开发农田	
是			环境 P1.2	保护涝原功用	
是			环境 P1.3	保护水生生态系统	
是			环境 P1.4	保护受威胁和 濒危物种栖息地	
3	0	0	环境 C1.5	重新开发退化的场址	3～6
			环境 C1.6	项目位于现有 已开发区域内	4
			环境 C1.7	连通多模式交通网络	2～3

第2部分：设计前评估和规划

在开始设计之前，必须有一支综合设计团队展开一次全面的场址评估，评估对象包括将会有助于规划和设计的现有物理、生物和文化状况。这支队伍必须包括自然系统、设计、施工和维护领域的专家，以及来自社区、业主和预期场址使用者的代表，具体评估分值见表6-5。

设计前评估和规划打分表　　　　　　　表 6-5

是	?	否	2.设计前评估和规划	可获分数	3
是			设计前 P2.1	使用整合设计流程	
是			设计前 P2.2	开展设计前场址评估	
是			设计前 P2.3	指定并传达 VSPZ	
			设计前 C2.4	吸引使用者和利益相关者	3

第3部分：场址设计——水

自然系统能够储存、净化和分配可用水，因此至关重要。此部分倡导通过工程项目设计来节约用水，尽量提高降水利用率并保护水质。例如可持续的工程项目可以在场址收集雨水，用于灌溉和水饰用途，而不是使用饮用水。目标是采纳可以恢复或效仿自然系统的策略和技术，具体评估分值见表6-6。

场址设计——水打分表 表 6-6

是	?	否	3.场址设计——水	可获分数	23
是			水 P3.1	管理场址上的降水	
是			水 P3.2	减少景观灌溉用水	
			水 C3.3	管理超出基线的降水	4~6
			水 C3.4	减少室外用水	4~6
			水 C3.5	设计功能性雨水景观作为美化设施	4~5
			水 C3.6	恢复水生生态系统	4~6

第4部分：场址设计——土壤和植被

此部分要求将妥善的土壤管理作为设计要素和施工的优先考量。除了充当茁壮植被的基础之外，健康的土壤还会过滤污染物，减少过度径流、侵蚀、沉积和洪泛。选用适宜的植被、管控入侵植物和恢复生物多样性（着重本地物种）都是有着多重环境、经济和社会效益的关键策略。这些策略可以减少或消除景观灌溉、提高野生生物栖息地的质量、提升区域形象，还可以减少维护需求，具体评估分值见表6-7。

场地设计——土壤和植被打分表 表 6-7

是	?	否	4.场址设计——土壤和植被	可获分数	40
是			土壤和植被 P4.1	制订并传达土壤管理计划	
是			土壤和植被 P4.2	控制并管理入侵植物	
是			土壤和植被 P4.3	使用适当植物	
			土壤和植被 C4.4	保留健康土壤和适当植被	4~6
			土壤和植被 C4.5	保留特殊地位的植被	4
			土壤和植被 C4.6	保留并使用本地植物	3~6
			土壤和植被 C4.7	保留并恢复本地植物群落	4~6
			土壤和植被 C4.8	优化生物质	1~6
			土壤和植被 C4.9	减少城市热岛效应	4
			土壤和植被 C4.10	利用植被最大限度减少建筑能耗	1~4
			土壤和植被 C4.11	降低发生灾难性火灾的风险	4

第5部分：场址设计——材料选择

在工程项目的生命周期中，适当地选择和使用材料有助于该项目始终支持并增强场址和材料所在位置的生态系统服务。在场址设计和施工中，拆除、选择、采购和使用材料可以创造大量的机会，以便减少送往垃圾填埋场的材料数量，保护自然资源，减少温室气体排放，并促进可持续建筑产品的使用，具体评估分值见表6-8。

场址设计——材料选择打分表　　　　　表 6-8

是	?	否	5.场址设计——材料选择	可获分数	41
是			材料 P5.1	不使用受威胁树种的木材	
			材料 C5.2	维护场址内建筑结构和铺面材料	2~4
			材料 C5.3	针对可拆卸性和适应性设计	3~4
			材料 C5.4	废旧利用材料和植物再利用	3~4
			材料 C5.5	使用含有回收物质的材料	3~4
			材料 C5.6	使用本地材料	3~5
			材料 C5.7	支持以负责方式开采原材料	1~5
			材料 C5.8	支持透明度和更安全化学	1~5
			材料 C5.9	支持材料制造的可持续性	5
			材料 C5.10	支持植物生产的可持续性	1~5

第6部分：场址设计——人类健康和福利

只要接触自然，不论是在公园还是自然区域，或者只是在日常生活中看到绿地，都会有益心理健康并促进社会关系。这些影响对健康的人居环境来说是必不可少的，并且有利于人的身体健康。此部分旨在为体育锻炼、康复及审美体验、社会交往等户外活动创造更好的机会。它还倡导工程项目在设计和开发选择中推动社会平等。目的是建设更有活力的社区，培养或延续环境保护意识，具体评估分值见表6-9。

场址设计——人类健康和福利打分表　　　　　表 6-9

是	?	否	6.场址设计——人类健康和福利	可获分数	30
			人类健康和福利 C6.1	保护并维护文化与历史场所	2~3
			人类健康和福利 C6.2	实现最佳的场址可达性、安全性和寻路性	2
			人类健康和福利 C6.3	促进平等使用场址	2
			人类健康和福利 C6.4	支持心理康复	2
			人类健康和福利 C6.5	支持体育活动	2
			人类健康和福利 C6.6	支持社交联系	2
			人类健康和福利 C6.7	提供场址内食品生产	3~4
			人类健康和福利 C6.8	减少光污染	4
			人类健康和福利 C6.9	鼓励高能效的多模式交通	4
			人类健康和福利 C6.10	最大限度减少接触环境烟害	1~2
			人类健康和福利 C6.11	支持本地经济	3

第7部分：施工

对于可持续的施工实践，首先要确保承包商了解初始设计阶段设定的可持续目标。然后，在施工阶段可以采取适当的措施。此部分倡导工程项目通过低排放设备保护空气质量，努力打造净零废物场址，通过土壤恢复策略确保植被健康，并避免受纳水体产生受污染的径流和沉积，具体评估分值见表6-10。

施工部分打分表 表6-10

是	?	否	7.施工	可获分数	17
是			施工 P7.1	传达并验证可持续施工实践	
是			施工 P7.2	控制并保留施工污染物	
是			施工 P7.3	恢复在施工期间受扰动的土壤	
			施工 C7.4	恢复受先前开发扰动的土壤	3~5
			施工 C7.5	从废弃物中转化施工和拆建材料	3~4
			施工 C7.6	从废弃物中转化可再利用的植被、岩石和土壤	3~4
			施工 C7.7	在施工期间保护空气质量	2~4

第8部分：运营和维护

为了制作设计方案，在工程项目生命周期中始终满足保护资源并减少污染和废物的性能目标，应在设计阶段与维护专业人士进行合作。此部分旨在促进维护策略的采用，以尽量发挥场址提供生态系统服务的长期潜力。这些策略包括减少材料弃置、确保土壤和植被长期健康、减轻污染、节约能源，以及鼓励使用可再生能源，具体评估分值见表6-11。

运营和维护打分表 表6-11

是	?	否	8.运营和维护	可获分数	22
是			运营和维护 P8.1	计划可持续场址维护	
是			运营和维护 P8.2	提供可回收物存储与收集	
			运营和维护 C8.3	回收有机物质	3~5
			运营和维护 C8.4	最大限度减少杀虫剂和化肥使用	4~5
			运营和维护 C8.5	减少室外能耗	2~4
			运营和维护 C8.6	使用可再生资源满足景观电力需要	3~4
			运营和维护 C8.7	在景观维护期间保护空气质量	2~4

第9部分：教育和性能监控

此部分认可工程项目为向公众公开信息和开展教育而做的努力，目的是让公众了解项目目标以及在场址设计、施工和维护过程中所采取的可持续实践。它还制定了一项激励措施来长期监控、记录和报告场址的性能，以便影响并改善场址可持续性的知识体系，具体评估分值见表6-12。

教育和性能监控打分表　　　　　　　　　　　　表6-12

是	?	否	9.教育和性能监控	可获分数	11
			教育 C9.1	促进可持续性认知和教育	3~4
			教育 C9.2	制订并传达案例研究	3
			教育 C9.3	计划监控并报告场址性能	4

第10部分：创新或优良表现

此部分鼓励以满足先决条件和得分点要求为目的的创意和创新。如果工程项目的优良表现超越了一个或多个得分点所设定的目标，此部分将予以加分。另外，如果工程项目在SITES V2评估体系之外，开发或追求其他的可持续实践或符合其他的可持续性能基准，SITES体系也会额外加分，以此支持创新，具体评估分值见表6-13。

创新和优良表现打分表　　　　　　　　　　　　表6-13

是	?	否	10.创新或优良表现	奖励分数	9
			创新 C10.1	创新或优良表现	3~9

参考文献

[1] （美）凯特·凯能，尼尔·科克伍德. 植物生态修复技术[M]. 刘晓明，叶森，毛祎月，骆畅，严雯琪，译. 北京：中国建筑工业出版社，2019.
[2] 贾培义，郭湧. 美国可持续场地评估体系SITES V2版与V1版对比分析研究[J]. 动感（生态城市与绿色建筑），2014（4）：66-71.

第7章

雨水花园生态实验

章节导读

本章节以雨水花园为案例，讲述不同类型的生态实验在风景园林设计方面的应用。了解实验设计、设备搭建、数据采集、数据分析对设计决策的支持和参考作用。

要点

①雨水花园生态过程模拟
②生态实验数据分析

7.1　课程概述

1．课程内容及目标

课程内容为雨水花园的基本生态原理和相关生态技术。通过对雨水花园的水文、土壤和植物进行设计、测量和计算，对其生态效益进行监测和分析。通过空间设计与生态实验并行的方式，实现和优化景观设计方案。

教学目标是培养学生掌握基本生态原理和相关生态技术，通过对土壤和植物理化特征的研究，对雨水花园的生态效益进行多维监测和分析，建构循证创新的设计思维。

2．教学方式

课程分为理论教学和实验教学两个环节。理论教学分为两部分：① 对基本原理和景观规划及设计应用进行知识点梳理，强调生态技术的类型和应用；② 讲述生态实验的原理和实验仪器的操作步骤，强调实验指标的意义和作用。实验教学分为三个环节：① 组织学生进行实验器材的准备；② 指导学生进行具体的实验操作；③ 带领学生进行实验数据的整理和分析。

7.2　生态实验部分

1．实验设计

在明晰了土壤等生态指标选取的依据和意义之后，教师指导学生们针对雨水花园的生态问题提出特定的实验方向和目标，进入设计性实验阶段，并尝试自行准备搭建特定实验目标的实验器材，然后进行试验操作。

1）雨水花园表层特征与土壤特性变化实验

土壤作为雨水花园重要基质，需具备较好的渗透能力、净化雨水的能力等，这就对原状土、人工强化或者改良的基质提出了要求。地表径流进入雨水花园时，携带着泥沙、有机物和各种污染物，虽然部分雨水在滞留后，通过渗管排出，但是长期的汇集过程会影响雨水花园的土壤发生改变。一方面，汇集到雨水花园的地表径流干扰了沿途的土壤表层，高频次的细微冲刷容易造成土壤流失，植物根系裸露。同时，土壤也承担着对雨水净化的功能，土壤的健康程度对雨水花园的功效有着直接的影响；另一方面，土壤与植物的生长有直接的关联，支撑着雨水花园中植物生态功能的运行。土壤的动态变化对承担净化和审美双重功能的植物会产生不可逆的影响。植物不仅要适应雨水花园弹性的水环境条件，也需要正常生长的空间。从低成本维护的角度来看，雨水花园在建构时，不仅要筛选适合的植物，也需要保证土壤健康的可持续发展，减少换土频次，降低管理维护的成本。

在以往对雨水花园土壤的研究中，多关注土壤的渗透面积、渗透能力和去污能力，较少关注土壤理化的动态变化。如LID通过对设施位置上的土壤进行详细的场地土壤分析，确定水文土壤的类型和渗透速率。自然的土壤对雨水的储存、输送和处理有至关重要的作用。土壤结构将水从表面携带到地下含水层。但是，由于土壤生物和有机物可以进行化学和物理的结合，并在聚合矿物颗粒上形成土壤颗粒。同时，在深度约15～30cm的土壤中富含有机生物活性物质。土壤湿度、间歇性水和腐殖质成为植物营养转运的重要介质。因此，土壤的理化特性等可以反映出土壤可持续的能力，体现土壤健康的程度。

（1）实验内容：本实验采用人工降雨的方式，对雨水花园土壤理化性状进行干扰，通过雨水连续流实验，模拟雨水花园土壤在连续淋洗过程中的变化。通过测定土壤中的水分、pH值、有机质等6个相关指标的变化，分析雨水花园土壤理化特性的动态变化规律。

（2）实验材料：①**土壤材料的选择**　实验的供试土壤为东北的黑钙土，腐殖质含量丰富，土壤颜色以黑色为主，呈中性至微碱性反应，钙、镁、钾、钠等无机养分也较多，土壤肥力高。

②**模拟雨水的配置**　每200L模拟雨水含0.075mol $CaCl_2$；0.01mol $MgSO_4$；0.008 5mol KCl；0.012mol $NaHCO_3$，用自来水进行调节，pH值为7。

③**植物材料的选择**　景天科植物是大量应用的绿色屋顶植物，它抗性强、耐干旱、耐贫瘠。在实际观察中，八宝景天也耐短期水淹，在雨水口附近的雨水花园中，生长茂盛。同时，景天科植物美丽的花对蜜蜂、蝴蝶等昆虫有着巨大的吸引力。白三叶是优秀的地被草本植物，繁殖力强，对土壤要求不

高，适应性广，有一定的观赏价值。

④雨水花园及降雨模拟装置　实验建造了长6m、宽0.5m、深0.5～0.8m的三个种植箱体，每个箱体尽端1m×0.5m的水平表面区域模拟雨水花园，其他区域的土壤按照《海绵城市建设技术指南》的要求，设定纵坡为4%的表层模拟生态草沟、滤水草带等输水设施，箱体内放置黑钙土土壤样本。三个箱体的土壤表层特征分为三种情况，分别为裸土暴露、草皮覆盖和植物覆盖。裸土箱体作为数据比较样本；草皮箱体模拟简易的生物滞留设施；植物箱体模拟雨水花园。植物箱体选取了局部植物覆盖的方式，箱体全部覆盖高为4m的悬挂式人工降雨模拟装置（图7-1、图7-2）。

（3）雨水花园及降雨模拟流程：实验选用人工降雨模拟实验，即连续流实验进行操作。以哈尔滨2012～2015年的降雨资料为参考，选取雨季5～9月份降雨频率较高的月份为参考区间。降雨频次的选取根据全年降雨场次的25%，确定模拟降雨场次共计5次，由于最后一次的土壤条件无法进行测试，实际实验

图7-1　自制实验装置设计图（图片来源：王敏聪、陈晓超绘制）

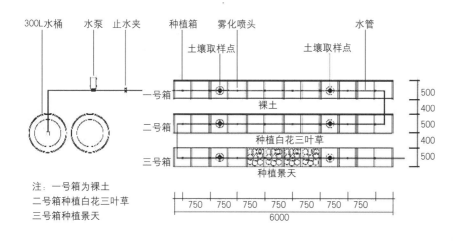

图7-2　自制实验装置平面图（图片来源：王敏聪、陈晓超绘制）

数据来自4场降雨模拟的结果。降雨模拟时间均为清晨，环境风环境为无风或微风。降雨量为6mm/小时（1 200L/小时）。两场降雨的间隔以表层土壤自然干燥状态为标准。每次土壤干燥后，在箱体高低两侧各取一个样本，共计24个土壤样本。每个样本进行6个理化指标分析。

（4）测试指标及方法：实验主要分析土壤营养物质的迁移变化，主要测试指标为土壤pH值、土壤水分、土壤有机质、土壤水解性氮、土壤有效磷、土壤颗粒组成的测定。

实验测试方法均按照国家标准进行测定，具体可参照第3章土壤结构实验部分。

2）植物在不同条件下的胁迫实验

作为最小单元的海绵体，雨水花园可以汇集地表径流。一方面，雨水花园会出现约24h的淹水环境或渍水环境，改变了植物生长的土壤水环境；一方面，雨水淋溶会改变土壤的理化特性，影响土壤的含盐状态。同时，流入雨水花园的地表径流含有不同程度的重金属，对雨水花园的土壤环境也会造成影响。所有这些变化都会影响雨水花园中植物的生长状态。

本实验从植物形态结构、产量等方面了解不同胁迫条件对雨水花园植物的影响。

（1）实验内容：**①淹水胁迫/渍水胁迫**　淹水是植物生长的逆境胁迫因子之一。本实验主要观察淹水胁迫下植物根系和叶片一系列生理生态指标的变化，通过对株高、叶片个数、叶片颜色、枯叶个数、根系鲜重和干重等各项指标的观察、记录和计算，分析各项指标在水分胁迫条件下的变化趋势，绘制土壤水分含量与生长指标的相关曲线。

②盐胁迫实验　主要观察不同性质的盐对植物种子萌发的影响。通过对种子萌发过程中发芽率、发芽势、发芽指数等各项指标的观察、记录和计算，分析各项指标在盐胁迫条件下的变化趋势，绘制不同性质的盐和浓度与生长指标的相关曲线。

③重金属胁迫实验　本实验主要观察不同浓度的重金属对植物种子萌发的影响。通过对种子萌发过程中发芽率、发芽势、发芽指数等各项指标的观察、记录和计算，分析各项指标在重金属胁迫条件下的变化趋势，同时绘制重金属浓度与生长指标的相关曲线。

（2）实验植物材料：向日葵（淹水胁迫/户外实验）、白三叶（盐胁迫、重金属胁迫/室内实验）

（3）实验操作：具体的实验操作步骤请参照本书第4章植物抗性实验部分。

2．实验操作流程

1）实验装置的准备与搭建

在老师的指导下，学生完成模拟降雨装置的搭建（图7-3、图7-4）。这一部分需要同学密切配合才能完成，锻炼了学生之间的协作能力和动手能力。

图7-3　植物种植箱的搭建

图7-4　饮水泵与水管的连接

2）生态实验操作流程

具体的实验操作步骤可参照本书第3章土壤结构实验3.1节中的部分。

植物抗性实验操作中除了常规实验操作外，还涉及植物种子萌发（图7-5）、植物生长胁迫条件控制（图7-6）等操作。具体的实验操作步骤可参照本书第四章植物抗性实验部分。

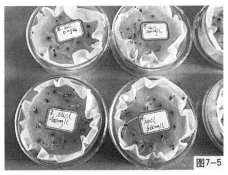

图7-5　植物种子萌发盐胁迫

图7-6　植物生长胁迫

7.3　生态实验数据的分析

1．土壤数据分析

1）土壤pH值

土壤pH值直接影响土壤中养分存在的状态、转化和有效性，对植物及生活在土壤中的微生物所需养分元素的有效性有很大的影响，因此，pH值往往

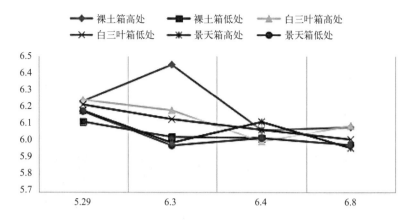

图7-7　土壤pH值含量

被视作土壤的主要变量。模拟雨水淋洗前后的土壤pH值变化特征，见图7-7。

　　三个箱体的土壤呈酸性，pH值变换范围在5.95~6.45之间。从数据整体上看，各点土壤pH值均呈降低趋势，三个箱体高处土壤均比低处土壤的pH值略高。裸土箱高处的pH值变化较大，白三叶箱的pH值变化最小，整体变化比较均衡。这表明裸土受降雨成分干扰最大，土壤自身调节能力较慢；地被植物化学作用对调节土壤的酸碱度有影响。

2）土壤水分

　　测定土壤水分的意义，在于所有土壤分析的结果，都以无水烘干土重为基数来计算，通过对土壤水分的测定还可以间接地了解土壤的某些物理性质，如机械组成、土壤结构等。

　　三个实验箱体的土壤水分数据中（图7-8），可以看出土壤的含水率均在降低。可能与原状土在箱体中进行实验相关。缺乏周边土壤的渗透，土壤的整体含水率均有所下降。裸土箱的含水率变化不规则，说明裸土较易收到降雨或者径流等水文条件的影响。白三叶箱和景天箱的含水率变化整体较为均匀，说明植物对土壤水分起到调节和引导的作用，促进土壤的小环境趋近稳定。

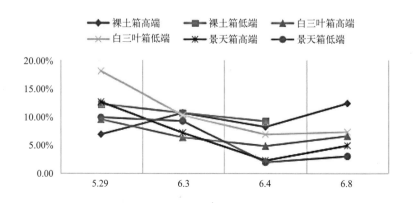

图7-8　土壤水分含量

白三叶箱的含水率变化较为规律，实验初期低处含水率比高处高，随着时间的推移，两端含水率的差值越来越小，接近于相同，证明了地被植物对土壤水分的分布具有调节作用。景天箱两端的土壤水分变化与白三叶箱类似，但是景天箱低处的土壤水分变化波动较大，与裸土箱的规律相似，说明植物对周边土壤水分的影响，因距离延长而衰减。

3) 土壤有机质

土壤有机质是土壤的重要组成部分，它是判断土壤类型和土壤肥力状况的重要指标。

从图7-9中可以看出，随着雨水的不断淋溶，土壤中的有机质均有所下降，不同实验箱的下降速率有明显的区别。裸土箱和景天箱高端的下降趋势相同，说明裸土的有机成分在雨水的淋溶下，较容易流失。土受降雨成分干扰最大，土壤自身调节能力较慢。白三叶箱土壤的有机质存在迁移现象，迁移量较小；景天箱土壤有机质的迁移量也较小。

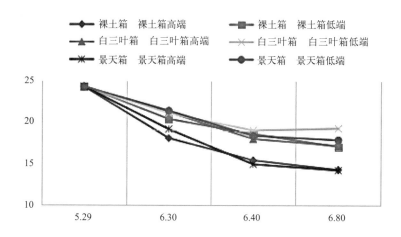

图7-9　土壤有机质含量

4) 土壤氨氮

土壤氨氮能较好地反映出近期土壤氮素供应状况和氨素释放速率。

根据数据显示（图7-10），三个实验箱中的氨氮含量均有所下降，说明降雨对土壤氨氮含量有直接的影响。土壤对氨氮吸收能力比较差，随雨水流失现象明显，而不会在低处被吸附。雨水淋溶初期，氨氮流失速率较大，后期逐渐趋于稳定。

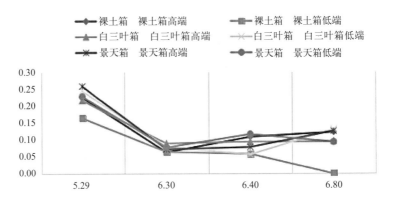

图7-10 土壤氨氮含量

5）土壤颗粒组成

土壤颗粒组成，直接影响土壤的水、热、气、养分等状况和植物生长发育。从图7-11～图7-15等图表可以看出，裸土箱最初的颗粒分布均较小，随着土壤的淋溶，土壤颗粒逐渐增大。

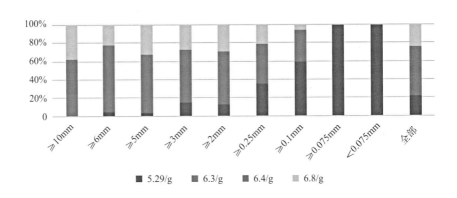

图7-11 裸土箱土壤颗粒组成

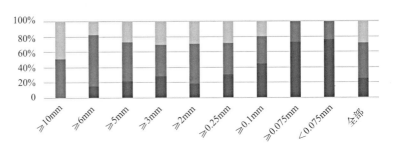

图7-12 白三叶箱高处土壤颗粒组成

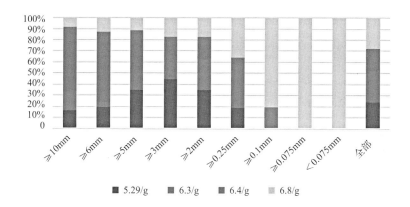

图7-13 白三叶箱低处
土壤颗粒组成

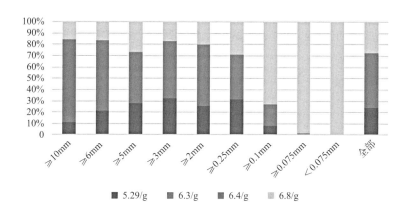

图7-14 景天箱高处土
壤颗粒组成

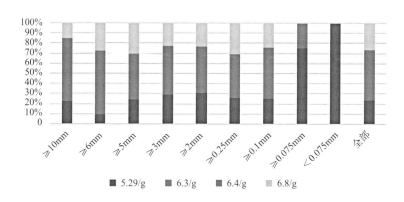

图7-15 景天箱低处土
壤颗粒组成

从以上几个实验指标中可以看出：

① 在雨水淋溶的作用下，雨水花园的土壤理化特性有所改变。不同的雨水花园表层特征，具有不同的变化规律。② 相对于裸土表层，雨水花园有明显的稳定土壤状态的作用，但是在汇集雨水的过程中，流动的水体会扰动途径区域的土壤理化特性，由于地表径流的速度高于水体沿途下渗的速度，因此，更多的土壤养分在地表径流的影响下，汇集在雨水花园中。由于雨水淋溶作用，这些成分逐渐从表层土壤进入土壤深层。③ 由于土壤养分对雨水花园有重要的支撑作用，只有完整的系统性设计才能保证区域土壤的健康和可持续发

展。从低维护的角度考虑，可持续的雨水花园设计，不仅仅是自身的景观设计，还是区域整体的景观设计。

2．植物胁迫数据分析

1）盐胁迫实验结果及讨论

根据实验结果（表7-1）可以看出，本次选取的指标中，盐浓度对种子萌发的时间与发芽率均产生影响。当盐浓度为100mmmol/L时，种子萌发时间早于对照组，但种子发芽率与对照组一致，可以看出100mmmol/L的盐浓度可以促进种子萌发。当盐浓度为300mmmol/L时，种子萌发时间晚于对照组，但种子发芽率与对照组一致，可以看出300mmmol/L的盐浓度抑制种子萌发，但对种子的发芽率没有影响。当盐浓度为450mmmol/L和600mmmol/L时，种子萌发时间和发芽率都低于对照组，可见高浓度的盐会抑制种子萌发，并降低种子的发芽率。

得出的初步结论如下：

①白车轴草种子发芽率与盐浓度相关。低浓度的盐可以促进种子萌发，一定浓度的盐会影响种子发芽时间，但对种子发芽率没有表现出强烈影响；当盐浓度过高，对种子的发芽时间及发芽率有抑制作用。

②促进种子萌发的最适盐浓度在0～300mmmol/L之间。

白车轴草种子发芽率表（%） 表7-1

组别	NaCl浓度（mmmol）	第0天	第1天	第2天	第3天	第4天	第5天	第6天	第7天	发芽率（%）
0	0	0	0	9	14	17	17	17	17	85
1	150	0	0	15	16	17	17	17	17	85
2	300	0	0	7	13	17	17	17	17	85
3	450	0	0	4	12	15	15	15	15	75
4	600	0	0	1	9	11	11	11	11	55

2）淹水胁迫实验结果及讨论

根据实验结果（图7-16～图7-18）可知，随淹水胁迫时间加长，向日葵幼苗较正常生长植株的生长速度更为缓慢，解除胁迫后此现象仍未缓解。在进行淹水处理过程中，植株死亡率较高，且大部分都出现倒伏萎靡的现象，解除胁迫后仍有一部分死亡，存活植株的恢复速度缓慢。实验组的叶片较对照组颜色偏黄，叶片偏小（表7-2）。

向日葵幼苗植株高度表（单位：cm）　　　　　　　表 7-2

	6.1日高度	6.5日高度	6.10日高度	6.15日高度	6.20日高度
对照组A1	5.5	11.3	18.0	23.5	32.0
对照组A2	4.3	5.9	7.6	11.2	16.1
淹5天B1	3.7	4.9	6.3	7.9	10.3
淹5天B2	3.4	死亡	/	/	/
淹10天C1	2.7	4.0	死亡	/	/
淹10天C2	3.3	4.2	5.7	死亡	/
淹15天D1	3.8	4.8	6.0	死亡	/
淹15天D2	4.1	4.9	5.8	6.1	死亡

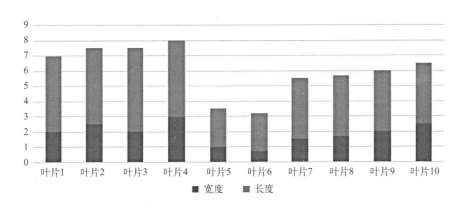

图7-16　对照组A1叶片宽度与长度

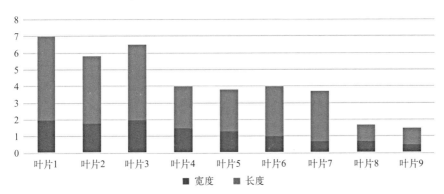

图7-17　对照组A2叶片宽度与长度

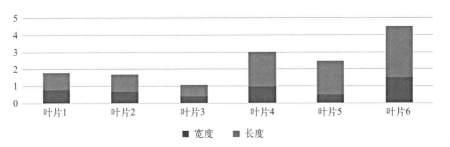

图7-18　淹5天B1叶片宽度与长度

3）重金属胁迫实验结果及讨论

由实验结果（表7-3）可知，在选取的指标中，重金属浓度为0的培养皿中白三叶种子萌发最好，说明镉对于白三叶种子萌发有抑制作用。其中重金属浓度为50mg/L的培养皿中白三叶的萌发情况不好，可能是因为其他因素干扰，经研究认为可以排除这组数据。并非重金属浓度越高，种子开始发芽时间越晚，不呈明显的负相关，但是到实验中期，发芽率过半时，重金属浓度越高，种子发芽率越低，呈一定负相关趋势。最终，有重金属的培养皿中，白三叶的发芽总数低于对照组。

得出的初步结论如下：

（1）镉对于白三叶种子的萌发有抑制作用。

（2）镉的浓度不影响白三叶种子开始萌芽的时间。

（3）当到了白三叶种子发芽的中期及中后期，即白三叶进入发芽丰盛时期，镉的浓度与白三叶种子的发芽率呈负相关。

不同浓度的重金属浓度下白三叶种子的发芽数量　　　　表7-3

金属浓度（mg/L）	第0天	第1天	第2天	第3天	第4天	第5天	第6天	第7天
0	0	0	9	12	16	17	17	17
25	0	0	6	10	14	16	16	16
50	0	0	0	0	12	14	14	16
75	0	0	6	10	12	14	14	16
100	0	0	7	8	12	14	16	16
200	0	0	0	0	0	2	2	2

参考文献

[1] （美）凯特·凯能，（美）尼克·科克伍德著. 植物生态修复技术[M]. 刘晓明，叶森，毛祎月，骆畅，严雯琪，译. 北京：中国建筑工业出版社，2019.01：120-123.
[2] 同[1]：124-126.
[3] 同[1]：149-151/168-170.

致 谢

本书内容是大量教学实践的呈现，它是风景园林和环境学科交叉团队的科研和教学成果体现。在本书的成书过程中，得到了许多老师和同学的支持和帮助。

感谢同事们在课程实践中对生态实验教学的支持，他们分别是刘晓光老师、冯瑶老师和曲广滨老师。这些老师的设计课程为生态实验与规划设计的结合提供了平台。感谢课堂上可爱的学生们，是他们的喜爱和认真促使教学成果如此丰满。

感谢姜鑫同学对第3章、第4章、第6章和第7章进行的资料梳理和组织，其优秀的工作能力保证了很多教学成果可以清晰地呈现；感谢在课程教学中一直担任实验助手的张伟贤同学，他的耐心和细致保证了实验的效果和质量；感谢王淑恬同学录制了实验操作的视频，她的讲述条理分明，实验操作娴熟细致；感谢薛博洋同学对视频进行了加工和编辑；感谢安文雅同学整理了第5章的文字和图片；感谢黄宇欣同学重新描绘了第3章的部分插图。

最后，要感谢中国建筑工业出版社杨虹主任的大力支持让本书得以顺利如期地完成。